环境监测综合实验

主　编　刘琼玉
副主编　王珺婷　刘君侠　熊双莲
参　编　张高科　刘名茗　刘静萱　万田英
　　　　刘晓烨　张　晖　刘恩栋　邓凤霞

华中科技大学出版社
中国·武汉

内容提要

本书根据教育部高等学校环境科学与工程类专业教学指导委员会制定的环境监测课程基本内容与要求，结合多年环境监测实验教学经验和我国新形势下环境监测行业与技术的发展需要编写而成，内容包括地表水环境质量监测、工业废水监测、校园环境空气质量监测、室内空气质量监测、土壤环境质量监测、植物污染监测、校园环境噪声监测等七个综合实验模块和建设项目竣工环境保护验收监测一个环境监测技能提升模块。在每一个实验模块中，通过实际案例突出环境监测全过程的综合训练，即包括监测方案制订、采样点的布设、样品的采集与保存、样品的预处理、监测方法选择、分析测试、质量保证措施、数据处理与评价、环境监测报告的编写等全过程的综合技能训练。为了便于读者拓展学习，本书正文中插入了相关标准与规范的二维码。

本书可作为高等院校环境科学与工程类专业本科生和研究生的实验教材，也可供有关专业学生和环保科技人员参考。

图书在版编目(CIP)数据

环境监测综合实验/刘琼玉主编．—武汉：华中科技大学出版社，2019.8
ISBN 978-7-5680-5487-4

Ⅰ．①环…　Ⅱ．①刘…　Ⅲ．①环境监测-实验　Ⅳ．①X83-33

中国版本图书馆 CIP 数据核字(2019)第 164737 号

环境监测综合实验　　　　刘琼玉　主编
Huanjing Jiance Zonghe Shiyan

策划编辑：王新华
责任编辑：王新华
封面设计：潘　群
责任校对：阮　敏
责任监印：周治超
出版发行：华中科技大学出版社(中国·武汉)　　电话：(027)81321913
　　　　　武汉市东湖新技术开发区华工科技园　　邮编：430223
录　　排：武汉正风天下文化发展有限公司
印　　刷：武汉科源印刷设计有限公司
开　　本：710mm×1000mm　1/16
印　　张：9.25
字　　数：196 千字
版　　次：2019 年 8 月第 1 版第 1 次印刷
定　　价：28.00 元

前　言

环境监测是我国高等学校环境科学与工程类专业核心课程之一，具有综合性、实践性和时代性的鲜明特点。环境监测实验教学是环境监测课程的重要环节，综合性和应用性强，涉及的范围广，监测步骤繁多，实验现象复杂多变，影响实验结果的因素众多，实验数据处理量大，同时对监测数据质量要求高。因此，环境监测实验在培养学生综合应用多种方法处理环境监测实践问题的能力以及创新思维和创新能力等方面具有重要作用。为突出环境监测实验课程在环境科学与工程类专业人才培养中的重要地位，许多高等学校环境科学与工程类专业的环境监测实验均为独立设课。

本书根据我国新形势下环境监测行业与技术的发展，在多年的环境监测实验教学经验的基础上，对环境监测实验教学内容进行优化整合，加强环境监测方案设计能力培养，注重环境监测实验方法的规范性和先进性，突出环境监测全过程的综合训练，使环境监测实验教学紧密联系生产第一线。本书共八章，包括地表水环境质量监测、工业废水监测、校园环境空气质量监测、室内空气质量监测、土壤环境质量监测、植物污染监测、校园环境噪声监测等七个综合实验模块和建设项目竣工环境保护验收监测一个环境监测技能提升模块。在每一个实验模块中，通过实际案例突出环境监测全过程的综合训练，即包括监测方案制订、采样点的布设、样品的采集与保存、样品的预处理、监测方法选择、分析测试、质量保证措施、数据处理与评价、环境监测报告的编写等全过程的综合技能训练。通过对具体环境介质的综合监测与评价，使实验教学紧密联系生产第一线，激发学生的学习兴趣，开拓学生的视野，增强学生对环境监测综合性、整体性的理解与应用，做到学以致用，培养学生的实践能力、创新能力和团队协作能力，为学生以后从事环保工作奠定良好的实践基础。

本书由江汉大学刘琼玉教授任主编，武汉理工大学王珺婷老师、江汉大学刘君侠高级实验师和华中农业大学熊双莲副教授任副主编。参编人员有武汉理工大学张高科教授、刘静萱和刘恩栋老师，华中农业大学刘名茗教授和万田英高级工程师，江汉大学刘晓烨、张晖和邓凤霞老师。

本书由江汉大学、武汉理工大学和华中农业大学教师联合编写，汇集了各校丰富的教学经验和教学资源。武汉市环境监测中心梁胜文教授级高工和朱汉昌总工对本书的编写提出了宝贵的意见和建议，在此表示衷心感谢！

由于编者水平有限，书中难免存在一些不足之处，敬请广大读者、学者及专家批评指正！

编　者

2019 年 4 月

目　　录

第一章　地表水环境质量监测实验

水质监测对象广泛，包括环境水体（江、河、湖、海及地下水、水库、沟渠水等）和水污染源（生活污水、工业废水和医院污水等）；水中污染物的种类繁多，包括化学型污染、物理型污染和生物型污染。因为受到人力、物力、经费等各种条件的限制，不可能也没必要对所有项目一一监测，应根据实际情况选择监测项目。

本章以武汉市某湖泊的水质监测为例，介绍地表水环境质量监测方案的制订、水样的采集与保存、水样的预处理、典型监测项目的监测方法、分析测试、数据处理与结果评价、监测报告的编写等。

一、实 验 目 的

通过对武汉市某湖泊水环境质量进行监测，掌握地表水监测方案的制订方法，熟悉地表水水样的采集与保存技术，掌握水样的预处理方法，掌握电导率、透明度、溶解氧、高锰酸盐指数、氨氮、叶绿素 a、总氮、总磷等代表性水质指标的监测分析技术，学会采用综合营养状态指数法对所获得的数据进行湖泊营养状态评价，了解地表水环境质量监测报告的编写。

二、湖泊水质监测方案的制订

监测方案是一项监测任务的总体构思和设计，制订时必须首先明确监测目的，然后在调查研究的基础上确定监测对象，设计监测点位，合理安排采样时间和采样频率，选定采样方法和分析测定技术，提出监测报告要求，制订质量保证程序、措施和方案的实施计划等。其中水质监测点位的布设关系到监测数据是否有代表性、能否真实地反映水体环境质量现状及污染发展趋势。

（一）湖泊资料收集及现场调查

码 1-1　武汉市地表水环境功能区类别

以武汉市某湖泊的水质监测为例，该湖泊属于缓流水体，水深小于 5 m。资料调研与现场调研的结果表明，该湖泊有一个入湖水通道和一个出湖水通道，沿湖分布了 26 个入湖排水口，有少量零散的生活污水排入湖泊，污染输入主要来自两岸雨水径流携带陆源污染物的汇入以及沿湖商业区、居民小区的雨污混合排口及污水排口。入湖排口中有 3 个污水排口、6 个雨污混合排口和 17 个雨水排口，入湖排口分布如图 1-1 所示。

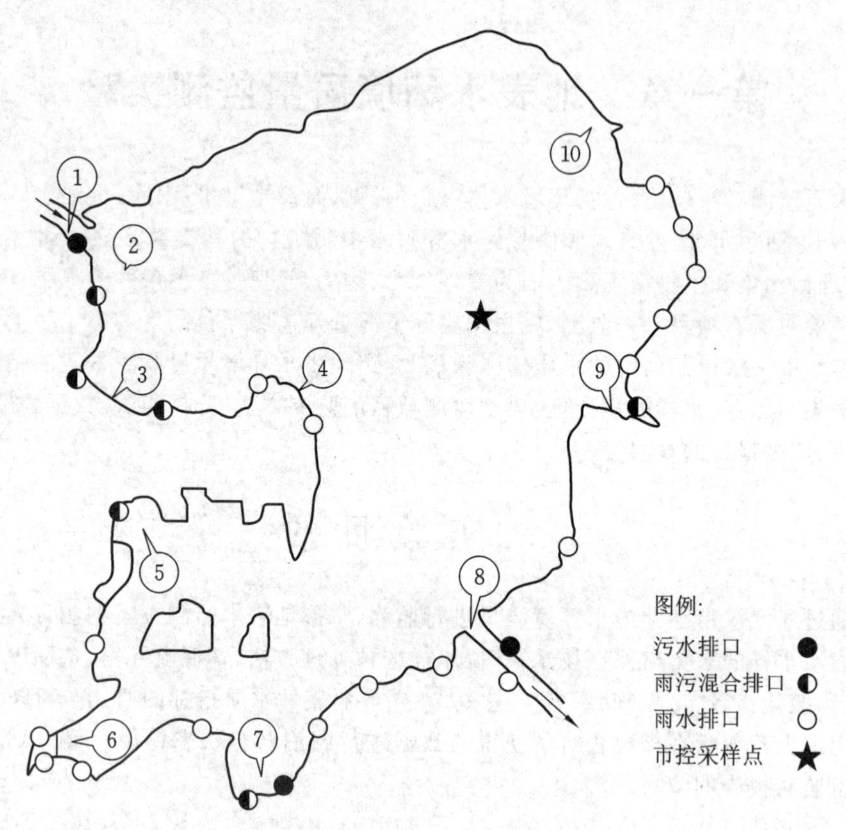

图 1-1　武汉某湖泊水质监测采样点布设平面图

1～10 为实验教学水质监测采样点

码 1-2　武汉市地表水环境质量状况

根据武汉市生态环境局 2011 年发布的《武汉市地表水环境功能区类别》，该湖全湖为一般鱼类保护区，其水质管理目标为Ⅲ类。根据武汉市生态环境局公布的地表水环境质量状况，截至 2018 年 6 月，该湖的水质均未达到其功能类别水质要求，为劣Ⅴ类水体，呈现中度富营养化至重度富营养化，主要超标污染物为总磷、化学需氧量、生化需氧量、氨氮、高锰酸盐指数。

（二）水质监测点位的布设

该湖是武汉市环境保护主管部门纳入常规监测的湖泊之一，由武汉市环境监测中心统一协调其水质监测任务，并由所在区环境监测站具体负责其采样监测工作。目前开展的常规监测中，在湖中心布设了一个市控采样点，监测点位置位于水面下 0.5 m。

根据收集的资料和现场调查的信息，为了解入湖水及沿岸主要功能区对湖泊水质的影响，按照进水区、出水区、湖心区、岸边区等水体类别，共设置 10 个监测断面，每个监测断面设置 1 条采样垂线。鉴于湖水深度小于 5 m，在每条采样垂线的水面下 0.5 m 处设置采样点。在实验教学中，该湖水质监测采样点布设可参考图 1-1。

（三）采样时间与频次

该湖泊为武汉市重点监测的城市湖泊，市控监测点位每月采样一次，一年 12 次，在每月的上旬采样。教学实验采样可在开展实验教学的月初进行，获得的市控监测点的监测数据可以与武汉市环境监测中心公布的监测数据进行对比。

（四）水质监测项目的确定与监测方法选择

码 1-3　GB 3838—2002

目前，我国湖库环境质量例行监测的项目为《地表水环境质量标准》（GB 3838—2002）表 1 规定的 24 个基本项目和透明度、电导率、叶绿素 a、水位等指标，水质在线自动监测的项目为水温、pH 值、溶解氧、电导率、浊度、氨氮、高锰酸盐指数、总有机碳、总氮、总磷和叶绿素 a 等指标。教学实验由于受到实验学时数的限制，重点选择溶解氧、氨氮、高锰酸盐指数、透明度、电导率、化学需氧量、总氮、总磷等指标进行监测。监测方法优先选用国家标准分析方法、统一分析方法或行业标准方法。当实验室不具备使用国家标准分析方法的条件时，也可采用《水和废水监测分析方法（第四版）》提供的其他方法。

通过对湖泊中溶解氧、氨氮等代表性水质指标全过程的监测训练，掌握地表水监测方案设计、采样点的布设、样品的采集与保存、样品的预处理、分析方法选择、分析测试、数据处理及结果评价等技能，进而可将这种监测思路推广到地表水其他指标的监测与评价，做到举一反三、触类旁通。

（五）样品采集

根据《国家地表水环境质量监测网监测任务作业指导书（试行）》（环办监测函[2017]249 号），样品分类采集要求如图 1-2 所示。

电导率、水温、pH 值、溶解氧、透明度、盐度等项目为现场监测项目，应按照规范正确开展现场监测。

（六）质量保证与质量控制技术要求

1. 样品采集及管理

（1）根据确定的采样点位、监测项目、频次、时间和方法进行采样。必要时制订采样计划，内容包括采样时间和路线、采样人员和分工、采样器材、交通工具以及安全

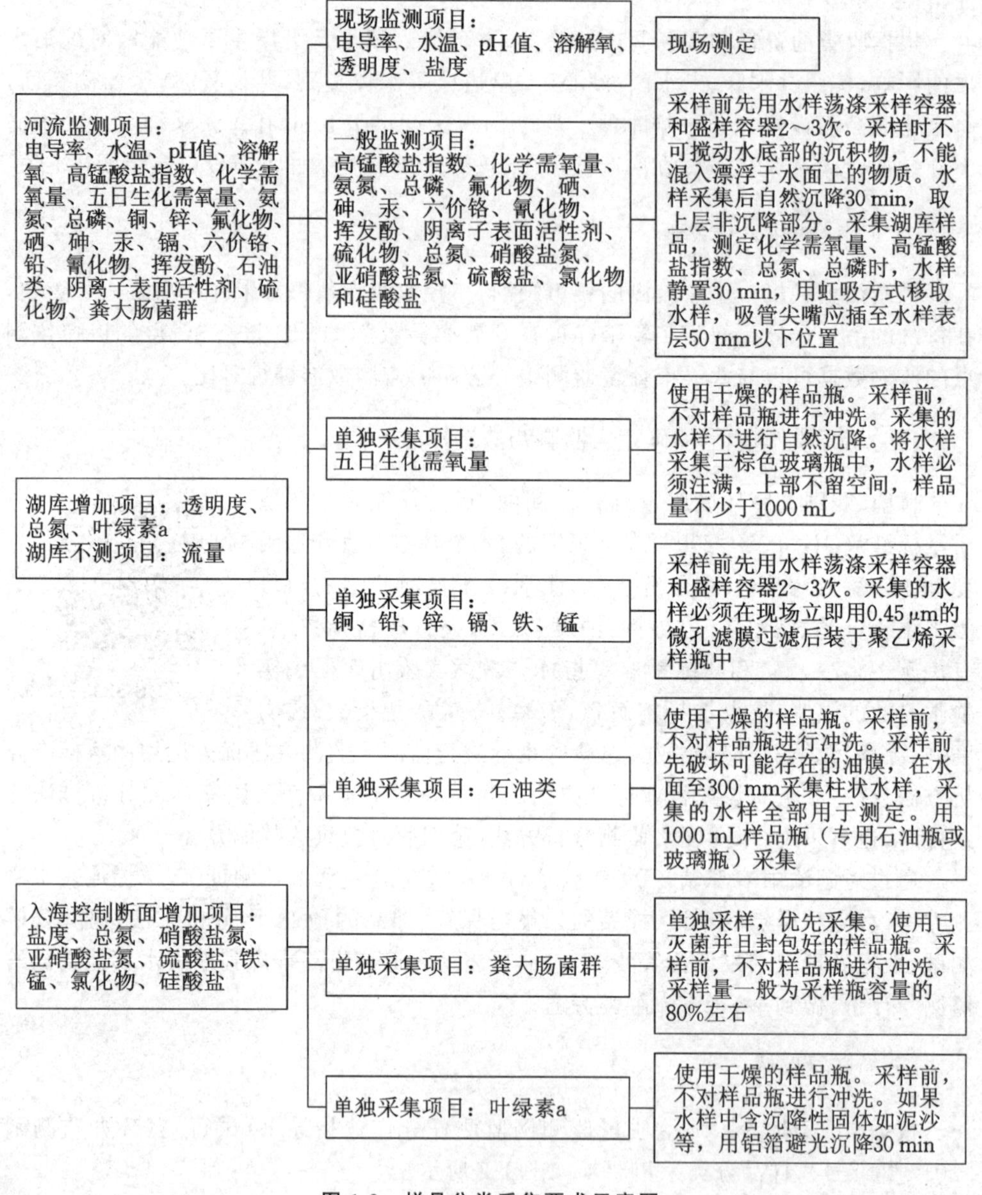

图 1-2　样品分类采集要求示意图

保障等。

（2）采样人员应充分了解监测任务的目的和要求，了解监测点位的周边情况，掌握采样方法、监测项目、采样质量保证措施、样品的保存技术和采样量等，做好采样前的准备。

（3）采集样品时，应满足相应的规范要求，并对采样准备工作和采样过程实行必要的质量监督。

(4) 样品采集过程中,全程序空白和平行双样的采集要覆盖三个以上的监测项目。每年每个项目必须覆盖一次以上。

(5) 样品运输与交接。样品运输过程中应采取措施保证样品性质稳定,避免沾污、损失和丢失。样品接收、核查和发放各环节应受控,样品交接记录、样品标签及包装应完整。若发现样品有异常或处于损坏状态,应如实记录,并尽快采取相关处理措施,必要时重新采样。

(6) 样品保存。样品应分区存放,并有明显标志,以免混淆。样品保存条件具体参照《国家地表水环境质量监测网监测任务作业指导书(试行)》的相关内容。

2. 实验室内部质量控制

(1) 应通过实验确定方法检出限,并满足特定分析方法要求。

(2) 校准曲线。采用校准曲线法进行定量分析时,仅限在其线性范围内使用。必要时,对校准曲线的相关性、精密度和置信区间进行统计分析,检验斜率、截距和相关系数是否满足标准方法的要求。若不满足,需从分析方法、仪器设备、量器、试剂和操作等方面查找原因,改进后重新绘制校准曲线。校准曲线不得长期使用,不得相互借用。一般情况下,绘制校准曲线应与样品测定同时进行。

(3) 空白样品。空白样品包括全程序空白和实验室空白,其测定结果一般应低于方法检出限。每个项目均按照与实际样品一致的分析操作步骤进行实验室用纯水的空白测定,目的在于确认前处理和分析过程中是否存在污染和干扰。每批水样,应按照与实际样品一致的程序设置全程序空白样品,目的在于确认采样、保存、运输、前处理和分析全过程中是否存在污染和干扰。一般情况下,不应从样品测定结果中扣除全程序空白样品的测定结果。

(4) 平行样测定。按方法要求随机抽取一定比例的样品做平行样品测定,平行测定的相对偏差应满足分析方法要求。

(5) 加标回收率测定。加标回收实验包括空白加标、基体加标及基体加标平行等。空白加标在与样品相同的前处理和测定条件下进行分析。基体加标和基体加标平行是在样品前处理之前加标,加标样品与样品在相同的前处理和测定条件下进行分析。在实际应用时,应注意加标物质的形态、加标量和加标的基体。加标量一般为样品浓度的0.5~3倍,且加标后的总浓度不应超过分析方法的测定上限。样品中待测物浓度在方法检出限附近时,加标量应控制在校准曲线的低浓度范围。加标后样品体积应无显著变化,否则应在计算回收率时考虑这项因素。每批相同基体类型的样品应随机抽取一定比例样品进行加标回收及其平行样测定。

(6) 标准样品、有证标准物质测定。使用标准样品、有证标准物质或能够溯源到国家基准的物质。标准样品、有证标准物质应与样品同步测定。进行质量控制时,标准样品、有证标准物质不应与绘制校准曲线的标准溶液来源相同。应尽可能选择与样品基体类似的标准样品、有证标准物质进行测定,用于评价分析方法的准确度或检查实验室(或操作人员)是否存在系统误差。

(7) 方法比对或仪器比对。对同一样品或一组样品可用不同的方法或不同的仪器进行比对测定分析,以检查分析结果的一致性。

3. 实验室外部质量控制

实验室外部质量控制包括质量管理人员根据实际情况设置的密码平行样、密码质量控制样与密码加标样以及人员比对、留样复测等措施。

三、溶解氧的测定

溶解氧(dissolved oxygen,简称 DO)是指溶于水中的分子态氧。水中 DO 主要来源于水生植物的光合作用和水气交换过程。当藻类剧烈繁殖时,DO 可能出现过饱和;当水体受到有机物和还原性无机物污染时,可导致水体 DO 降低,若大气中的 O_2 来不及补充,水中 DO 逐渐降低,则使水中厌氧菌繁殖活跃,水质恶化。常温常压下,较清洁水中 DO 应为 8～10 mg/L,当 DO<4 mg/L 时,许多水生生物可能因窒息而死亡。因此,水中 DO 是衡量水体污染程度的重要指标之一。

码 1-4 GB 7489—1987

码 1-5 HJ 506—2009

溶解氧是地表水环境监测的必测项目,测定的方法包括《水质 溶解氧的测定 碘量法》(GB 7489—1987)、《水质 溶解氧的测定 电化学探头法》(HJ 506—2009)等。清洁地表水可直接采用碘量法测定,对污染严重的地表水,必须采用修正的碘量法或膜电极法测定。

(一) 实验目的

(1) 了解溶解氧测定的意义和方法。

(2) 掌握溶解氧样品的采集与保存技术。

(3) 掌握碘量法测定溶解氧的原理与操作技术。

(二) 实验原理

在水样中加入硫酸锰和碱性碘化钾溶液,水中溶解氧能迅速将二价锰氧化成四价锰的氢氧化物沉淀。加浓硫酸溶解沉淀后,碘离子被氧化,析出与溶解氧量相当的游离碘。以淀粉为指示剂,用硫代硫酸钠标准溶液滴定,根据硫代硫酸钠的用量,计算溶解氧的含量。反应如下:

$$2Mn^{2+}+4OH^{-}+O_2 \longrightarrow 2MnO(OH)_2 \longrightarrow 2Mn(SO_4)_2 \longrightarrow 2I_2 \xrightarrow{+4Na_2S_2O_3} 4NaI+2Na_2S_4O_6$$

(三) 实验试剂

(1) 硫酸锰溶液:称取 480 g 四水合硫酸锰($MnSO_4 \cdot 4H_2O$)或 364 g 一水合硫

酸锰($MnSO_4 \cdot H_2O$),溶于水中,用水稀释至 1000 mL。此溶液在酸性时,加入碘化钾后,不得析出游离碘,即加至酸化过的碘化钾溶液中,遇淀粉不得产生蓝色。

(2) 碱性碘化钾溶液:称取 500 g 氢氧化钠,溶于 300～400 mL 水中。另称取 150 g 碘化钾,溶于 200 mL 水中。待氢氧化钠溶液冷却后,将两种溶液混合,用水稀释至 1000 mL。若有沉淀,则放置过夜后倾出上清液,贮于塑料瓶中,避光保存。

(3) 浓硫酸(ρ=1.84 g/mL)。

(4) 硫酸溶液(1+5(指浓硫酸与水的体积比为 1∶5))。

(5) 淀粉溶液(1%):称取 1 g 可溶性淀粉,用少量水调成糊状,再用刚煮沸的水稀释到 100 mL,冷却后,加入 0.1 g 水杨酸或 0.4 g 氯化锌防腐。

(6) 硫代硫酸钠溶液($c(Na_2S_2O_3)\approx 0.1$ mol/L):称取 6.2 g 分析纯硫代硫酸钠,溶于刚煮沸放冷的水中,加 0.2 g 碳酸钠,用水稀释至 1000 mL,或加入 0.4 g 氢氧化钠或数小粒碘化汞,贮于棕色瓶中。使用前用 0.025 mol/L 重铬酸钾标准溶液标定。

(7) 重铬酸钾标准溶液($c(1/6\ K_2Cr_2O_7)=0.0250$ mol/L):称取于 105～110 ℃烘干 2 h 并冷却的重铬酸钾(优级纯)1.2258 g,溶于水,移入 1000 mL 容量瓶中,用水稀释至标线,摇匀。

(8) 碱性碘化钾-叠氮化钠溶液:称取 250 g 氢氧化钠,溶于 200 mL 水中,称取 75 g 碘化钾,溶于 100 mL 水中,溶解 5 g 叠氮化钠于 20 mL 水中;待氢氧化钠溶液冷却后,将三种溶液混合,稀释至 500 mL。贮于棕色瓶中,用橡胶塞塞紧,避光保存。

(9) 氟化钾溶液(40%):称取 40 g 氟化钾($KF \cdot 2H_2O$),溶于水,稀释至 100 mL,贮于聚乙烯瓶中。

(10) 碘化钾(KI)。

(四) 实验仪器

溶解氧瓶(250 mL)、碘量瓶(250 mL)、酸式滴定管(25 mL)、移液管(100 mL)、吸量管(1 mL、2 mL、5 mL)、锥形瓶(250 mL)。

(五) 分析步骤

1. 硫代硫酸钠溶液的标定

在 250 mL 碘量瓶中加入 100 mL 水、1.0 g KI、5.00 mL 0.0250 mol/L 重铬酸钾标准溶液和 5 mL 硫酸溶液(1+5),摇匀,加塞后置于暗处 5 min,用待标定的硫代硫酸钠溶液滴定至浅黄色,然后加入 1% 淀粉溶液 1.0 mL,继续滴定至蓝色刚好消失,记录用量。平行标定 3 份,按表 1-1 记录实验数据。

硫代硫酸钠溶液的浓度计算公式如下:

$$c_1=\frac{c_2\times V_2}{V_1}$$

式中：c_2——重铬酸钾标准溶液的浓度，mol/L；

V_2——重铬酸钾标准溶液的体积，mL；

V_1——滴定消耗的硫代硫酸钠溶液的体积，mL。

表 1-1 硫代硫酸钠标准溶液的标定数据记录

编　号	1	2	3
0.0250 mol/L 重铬酸钾标准溶液体积/mL			
滴定消耗的硫代硫酸钠标准溶液的体积/mL			
硫代硫酸钠溶液的浓度/(mol/L)			
硫代硫酸钠溶液浓度的平均值/(mol/L)			
相对标准偏差/(%)			

2. 溶解氧样品的采集与保存

用碘量法测水中溶解氧时，在指定的采样点，将溶解氧瓶置于水面下 0.5 cm 处，溶解氧瓶口向上且倾斜 45°，使水样沿瓶壁缓缓进入溶解氧瓶，并排除瓶内气泡，直至装满后在水中将溶解氧瓶直立，静置 1～2 min，直至气泡全部排出。采集时注意不要使水样曝气或残留气泡。

为防止溶解氧的变化，采样后应立即用硫酸锰和碱性碘化钾（或碱性碘化钾-叠氮化钠）固定溶解氧。溶解氧的固定方法如下：将移液管插入溶解氧瓶的液面下，加入 1 mL 硫酸锰溶液、2 mL 碱性碘化钾溶液，盖好瓶塞，加水封，颠倒混合数次，静置。待棕色沉淀物降至瓶内一半时，再颠倒混合一次，直至沉淀物下降到瓶底。如果水样含 Fe^{2+} 达 100 mg/L 以上，将干扰测定，需在水样采集后，先将移液管插入液面下加入 1 mL 40 %氟化钾溶液。

溶解氧样品应尽量现场测定。如果不能现场测定，固定好的溶解氧样品于 4 ℃、暗处保存，于 6 h 内完成测定。在每个采样点平行采集 2～3 份水样，同时记录水温和大气压力。

3. 溶解氧的测定

轻轻打开瓶塞，立即将移液管插入液面下加入 2.0 mL 浓硫酸，小心盖好瓶塞，颠倒混合摇匀，如果仍有沉淀物未溶解，可补加适量浓硫酸，至沉淀物全部溶解为止，于暗处静置 5 min。

吸取 100.00 mL 上述溶液于 250 mL 锥形瓶中，用硫代硫酸钠标准溶液滴定至溶液呈淡黄色，加入 1 mL 淀粉溶液，继续滴定至蓝色刚好退去为止，记录消耗硫代硫酸钠标准溶液的体积。

平行测定 2～3 份水样，按表 1-2 记录实验数据。

表 1-2　溶解氧测定的实验数据记录

编　号	1	2	3
滴定消耗硫代硫酸钠标准溶液的体积/mL			
溶解氧的浓度/(mg/L)			
溶解氧浓度的平均值/(mg/L)			

4. 结果计算

根据下式计算水样中溶解氧浓度：

$$溶解氧(mg(O_2)/L)=\frac{c_1 \times V \times (32 \div 4) \times 1000}{100}$$

式中：c_1——硫代硫酸钠标准溶液的浓度，mol/L；

V——滴定消耗硫代硫酸钠标准溶液的体积，mL；

32——O_2 的摩尔质量(g/mol)；

4——O_2 与 $Na_2S_2O_3$ 的换算系数。

(六) 注意事项

(1) 水中溶解氧应在中性条件下测定。如果水样呈强酸性或强碱性，可用 NaOH 或 H_2SO_4 溶液调节至中性后再测。

(2) 水样中游离氯含量大于 0.1 mg/L 时，应先加入一定量的硫代硫酸钠除去。

硫代硫酸钠应定量加入，确定方法如下：将 250 mL 碘量瓶装满水样，加入 5 mL 3 mol/L 硫酸溶液和 1 g 碘化钾，摇匀，此时有碘析出，吸取 100.00 mL 该溶液于另一个 250 mL 碘量瓶中，用硫代硫酸钠标准溶液滴定至浅黄色，加入 1% 淀粉溶液 1.0 mL，再滴定至蓝色刚好消失，记录硫代硫酸钠溶液用量(相当于去除游离氯的用量)。于另一瓶待测水样中加入同样量的硫代硫酸钠溶液，以消除游离氯的影响，然后按照测定步骤测定溶解氧。

(3) 水样采集后，应立即加入硫酸锰和碱性碘化钾溶液固定溶解氧；当水样含有藻类、悬浮物、氧化还原性物质时，必须进行预处理。

(4) 加液时，移液管尖嘴应插入液面以下。

(5) 平行做 2～3 份水样。

四、氨氮的测定

氮在水中以无机氮和有机氮两大形态存在，无机氮包括 NH_4^+(或 NH_3)、NO_2^-、NO_3^- 等，有机氮主要有蛋白质、氨基酸、胨、肽、核酸、尿素、硝基、亚硝基、肟、腈等含氮有机化合物。各种形式的氮在一定条件下可以互相转换：

$$有机氮 \xrightarrow[\text{(快)}]{\text{生物代谢或细菌作用下}} NH_4^+ \xrightarrow[\text{存在 DO}]{\text{亚硝化菌}} NO_2^- \xrightarrow[\text{存在 DO}]{\text{硝化菌}} NO_3^- \xrightarrow{\text{反硝化菌}} N_2 \longrightarrow$$

进入大气

因此,分别测定 $NH_4^+(NH_3)$、NO_2^-、NO_3^-,可在一定程度上反映水体受氨氮污染的情况。

氨氮是指水中以游离 NH_3 和 NH_4^+ 形式存在的氮。NH_3 对水生生物及人体均有毒害作用。NH_3 和 NH_4^+ 的存在比例与 pH 值有关。pH 值高时,NH_3 的比例较高;反之,则 NH_4^+ 的比例较高。

$$NH_3 \cdot H_2O \longrightarrow NH_4^+ + OH^-$$

码 1-6 HJ 535—2009

氨氮测定的国家标准方法包括纳氏试剂分光光度法(HJ 535—2009)、蒸馏-中和滴定法(HJ 537—2009)、水杨酸分光光度法(HJ 536—2009)、气相分子吸收光谱法(HJ/T 195—2005)、流动注射-水杨酸分光光度法(HJ 666—2013)和连续流动-水杨酸分光光度法(HJ 665—2013)。

这里主要介绍纳氏试剂分光光度法,该法具有操作简便、灵敏高等特点,但钙、镁、铁等金属离子,硫化物、醛、酮类,以及水中色度和混浊等干扰测定,需要进行相应的预处理。

(一) 实验目的

(1) 了解氨氮测定的环境意义与常用方法。

(2) 掌握纳氏试剂分光光度法测定水中氨氮的原理及操作方法。

(二) 实验原理

以游离态的氨或铵离子等形式存在的氨氮与纳氏试剂反应生成淡红棕色配合物,该配合物的吸光度与氨氮含量成正比,于 420 nm 波长处测量吸光度。

(三) 干扰及消除

水样中含有悬浮物、余氯、钙镁等金属离子、硫化物和有机物时会产生干扰,含有此类物质时要作适当处理,以消除对测定的影响。若样品中存在余氯,可加入适量的硫代硫酸钠溶液去除,用淀粉-碘化钾试纸检验余氯是否除尽。在显色时加入适量的酒石酸钾钠溶液,可消除钙镁等金属离子的干扰。若水样混浊或有颜色,可用预蒸馏法或絮凝沉淀法处理。

(四) 实验试剂和材料

(1) 无氨水。

(2) 轻质氧化镁(MgO)。

(3) 纳氏试剂(HgI_2-KI-NaOH):称取 16.0 g 氢氧化钠(NaOH),溶于 50 mL 水中,冷却至室温。称取 7.0 g 碘化钾(KI)和 10.0 g 碘化汞(HgI_2),溶于水中,然后将此溶液在搅拌下,缓慢加入上述 50 mL 氢氧化钠溶液中,用水稀释至 100 mL。贮于聚乙烯瓶内,用橡胶塞或聚乙烯盖子盖紧,于暗处存放,有效期 1 年。

(4) 酒石酸钾钠溶液(ρ=500 g/L):称取 50.0 g 酒石酸钾钠($KNaC_4H_6O_6 \cdot 4H_2O$),溶于 100 mL 水中,加热煮沸以驱除氨,充分冷却后稀释至 100 mL。

(5) 氢氧化钠溶液(ρ=250 g/L):称取 25 g 氢氧化钠,溶于水中,稀释至 100 mL。

(6) 氢氧化钠溶液(c(NaOH)=1 mol/L):称取 4 g 氢氧化钠,溶于水中,稀释至 100 mL。

(7) 浓盐酸(ρ(HCl)=1.18 g/mL)。

(8) 盐酸(c(HCl)=1 mol/L):量取 8.5 mL 浓盐酸于适量水中,用水稀释至 100 mL。

(9) 硼酸(H_3BO_3)溶液(ρ=20 g/L):称取 20 g 硼酸,溶于水,稀释至 1 L。

(10) 溴百里酚蓝指示剂(ρ=0.5 g/L):称取 0.05 g 溴百里酚蓝,溶于 50 mL 水中,加入 10 mL 无水乙醇,用水稀释至 100 mL。

(11) 氨氮标准溶液。

① 氨氮标准贮备溶液(ρ_N=1000 μg/mL):称取 3.8190 g 氯化铵(优级纯,在 100～105 ℃干燥 2 h),溶于水中,移入 1000 mL 容量瓶中,稀释至标线,可在 2～5 ℃保存 1 个月。

② 氨氮标准工作溶液(ρ_N=10 μg/mL):吸取 5.00 mL 氨氮标准贮备溶液于 500 mL 容量瓶中,稀释至刻度。临用前配制。

(12) 石蜡碎片。

(13)淀粉-碘化钾试纸:称取 1.5 g 可溶性淀粉于烧杯中,用少量水调成糊状,加入 200 mL 沸水,搅拌混匀后放冷。加 0.50 g 碘化钾和 0.50 g 碳酸钠(Na_2CO_3),用水稀释至 250 mL。将滤纸条置于该溶液中浸渍后,取出晾干,于棕色瓶中保存。

(五) 实验仪器和设备

(1) 可见光分光光度计:配 20 mm 比色皿。

(2) 氨氮蒸馏装置:由 500 mL 凯氏烧瓶、氮球、直形冷凝管和导管组成,冷凝管末端可连接一段适当长度的滴管,使出口尖端浸入吸收液液面下。也可用 500 mL 蒸馏烧瓶代替凯氏烧瓶。

(3) 比色管(50 mL)。

(六) 分析步骤

1. 水样的采集与保存

(1) 在指定的采样点,将采样瓶置于水面下 0.5 cm 处,采集水样。

(2) 水样采集在聚乙烯瓶或玻璃瓶内,要尽快分析。如果不能马上测定,应加硫酸使水样酸化至 pH<2,于 2～5 ℃下可保存 7 d,必要时加 $HgCl_2$ 杀菌。

2. 水样蒸馏

若水样混浊或有颜色,可用预蒸馏法进行处理。水样在碱性条件下加热蒸馏,用硼酸溶液吸收馏出液。

$$NH_4^+ + OH^- \xrightarrow{\text{高温蒸气}} NH_3\uparrow + H_2O$$

将 50 mL 硼酸溶液移入接收瓶内,确保冷凝管出口在硼酸溶液液面之下。分取 250 mL 样品,移入烧瓶中,加几滴溴百里酚蓝指示剂。必要时,用氢氧化钠溶液或盐酸调整 pH 值至 6.0(指示剂呈黄色)～7.4(指示剂呈蓝色)。加入 0.25 g 轻质氧化镁及数粒玻璃珠,立即连接氮球和冷凝管。加热蒸馏,使馏出速率约为 10 mL/min,待馏出液达 200 mL 时,停止蒸馏,加水定容至 250 mL。

3. 标准曲线的绘制

在 8 个 50 mL 比色管中,分别加入 0 mL、0.50 mL、1.00 mL、2.00 mL、4.00 mL、6.00 mL、8.00 mL 和 10.00 mL 氨氮标准工作溶液,其所对应的氨氮含量分别为 0 μg、5.0 μg、10.0 μg、20.0 μg、40.0 μg、60.0 μg、80.0 μg 和 100.0 μg,加水至标线。加入 1.0 mL 酒石酸钾钠溶液,摇匀,再加入纳氏试剂 1.5 mL,摇匀。放置 10 min 后,在 420 nm 波长下,用 20 mm 比色皿,以水为参比,测量吸光度 A。(根据待测样品的质量浓度也可选用 10 mm 比色皿。)以空白校正后的吸光度 ΔA 为纵坐标,以其对应的氨氮含量(μg)为横坐标,绘制标准曲线(表 1-3)。

表 1-3 氨氮标准曲线的绘制

氨氮标准工作溶液体积/mL	0	0.50	1.00	2.00	4.00	6.00	8.00	10.00
氨氮含量/μg	0	5.0	10.0	20.0	40.0	60.0	80.0	100.0
测定吸光度 A								
校正吸光度 ΔA								

4. 样品的测定

(1) 清洁水样:直接取 50 mL,按与标准曲线相同的步骤测量吸光度。

(2) 有悬浮物或色度干扰的水样:取经预蒸馏处理的水样 50 mL(若水样中氨氮质量浓度超过 2 mg/L,可适当减小水样体积),按与标准曲线相同的步骤测量吸光度。

经蒸馏或在酸性条件下煮沸方法预处理的水样,须加一定量氢氧化钠溶液,调节水样至中性,用水稀释至 50 mL 标线,再按与标准曲线相同的步骤测量吸光度。

5. 全程序空白实验

用无氨水代替水样,按与样品相同的步骤进行预处理和测定。

(七) 结果计算

水中氨氮的质量浓度按下式计算:

$$\rho_N=\frac{A_s-A_b-a}{b\times V}$$

式中：ρ_N——水样中氨氮的质量浓度(以 N 计)，mg/L；

A_s——水样的吸光度；

A_b——空白试样的吸光度；

a——标准曲线的截距；

b——标准曲线的斜率；

V——水样体积，mL。

(八) 注意事项

(1) 水样的预蒸馏过程中，某些有机物很可能与氨同时馏出，对测定有干扰，其中有些物质(如甲醛)可以在酸性条件($pH<1$)下煮沸除去。在蒸馏刚开始时，氨气蒸出速度较快，加热不能过快，否则造成水样暴沸，馏出液温度升高，氨吸收不完全。馏出速率应保持在 10 mL/min 左右。部分工业废水，可加入石蜡碎片等做防沫剂。

(2) 纳氏试剂中 HgI_2 和 KI 的比例对显色反应灵敏度有很大影响，理论上 HgI_2 和 KI 的质量比为 1.37∶1.00。静置后生成的沉淀应除去，取上清液使用。

(3) 试剂空白的吸光度(10 mm 比色皿)应不超过 0.030。

(4) 对于纳氏试剂，在使用过程中应尽可能减少其在空气中的暴露时间，要求密封保存，防止空气中氨的溶入导致空白实验吸光度增大。如果纳氏试剂在存放过程中出现空白实验吸光度增大或斜率变小的情况，经检验空白实验或斜率不满足要求时，应重新配制。

五、高锰酸盐指数的测定

高锰酸盐指数是反映水体中有机及无机可氧化物质污染的常用指标。其定义为：在一定条件下，用高锰酸钾氧化水样中的某些有机物及无机还原性物质，由消耗的高锰酸钾量计算相当的氧量。高锰酸钾对有机物的氧化能力较弱，在规定条件下，水中有机物只能部分被氧化。因此，高锰酸盐指数不能作为理论需氧量或总有机物含量的指标。高锰酸盐指数测定的国家标准方法是氧化还原滴定法(GB 11892—1989)。

码 1-7　GB 11892—1989

(一) 实验目的

(1) 了解湖泊高锰酸盐指数测定的环境意义。

(2) 掌握滴定法测定高锰酸盐指数的原理与操作技术。

（二）实验原理

样品中加入已知量的高锰酸钾和硫酸，在沸水浴中加热 30 min，高锰酸钾将样品中的某些有机物和无机还原性物质氧化，反应后加入过量的草酸钠还原剩余的高锰酸钾，再用高锰酸钾标准溶液回滴过量的草酸钠。通过计算得到样品高锰酸盐指数。

（三）实验试剂

（1）浓硫酸（ρ=1.84 g/mL）。

（2）硫酸溶液（1+3）。

（3）氢氧化钠溶液（500 g/L）。

（4）草酸钠标准贮备液（$c(1/2Na_2C_2O_4)$=0.1000 mol/L）：称取 0.6705 g 经 120 ℃烘干 2 h 并放冷的草酸钠（$Na_2C_2O_4$），溶解于水中，移入 100 mL 容量瓶中，用水稀释至标线，混匀，4 ℃下保存。

（5）草酸钠标准溶液（$c_1(1/2Na_2C_2O_4)$=0.0100 mol/L）：吸取 10.00 mL 草酸钠贮备液于 100 mL 容量瓶中，用水稀释至标线，混匀。

（6）高锰酸钾标准贮备液（$c_2(1/5KMnO_4)$=0.1 mol/L）：称取 3.2 g 高锰酸钾，溶解于水并稀释至 1000 mL。于 90～95 ℃水浴中加热 2 h，冷却。存放 2 d 后，倾出清液，贮于棕色瓶中。

（7）高锰酸钾标准溶液（$c_3(1/5KMnO_4)$=0.01 mol/L）：吸取 100 mL 高锰酸钾标准贮备液于 1000 mL 容量瓶中，用水稀释至标线，混匀。此溶液在暗处可保存几个月，使用当天标定其浓度。

（四）实验仪器

（1）水浴锅。

（2）酸式滴定管（25 mL 或 50 mL）。

（3）锥形瓶（250 mL）。

（五）分析步骤

1. 样品采集与保存

水样采集后自然沉降 30 min，取上层非沉降部分。采样后要加入硫酸溶液（1+3），使样品 pH=1～2 并尽快分析。如保存时间超过 6 h，则需置于阴暗处，0～5 ℃下保存，不得超过 2 d。

2. 水样的测定

（1）吸取 100.0 mL 经充分摇动、混合均匀的样品（或分取适量，用水稀释至 100 mL），置于 250 mL 锥形瓶中，加入 4.5～5.5 mL 硫酸溶液（1+3），用滴定管准确加入 10.00 mL 高锰酸钾标准溶液，摇匀。将锥形瓶置于沸水浴内（30±2）min

（水浴沸腾，开始计时）。

（2）取出后趁热用滴定管加入 10.00 mL 草酸钠标准溶液，摇匀后溶液应变为无色。趁热用高锰酸钾标准溶液滴定至刚出现粉红色，并保持 30 s 不退。记录消耗的高锰酸钾标准溶液体积 V_1。

3. 空白实验

用 100.0 mL 水代替样品，按“水样的测定”步骤操作，记录消耗的高锰酸钾标准溶液体积 V_0。空白样品的测定值应小于方法检出限。

4. 高锰酸钾标准溶液的标定

将空白实验滴定后的溶液加热至 80 ℃，准确加入 10.00 mL 草酸钠标准溶液。用高锰酸钾标准溶液继续滴定至刚出现粉红色，并保持 30 s 不退。记录下消耗的高锰酸钾标准溶液体积 V_2。计算高锰酸钾溶液的校正系数 K 值（$K=10.00/V_2$）。K 值应在 0.950～1.01 范围内。

5. 结果计算

高锰酸盐指数（I_{Mn}）以每升样品消耗氧的质量（$mg(O_2)/L$）来表示，按下式计算：

$$I_{Mn}=\frac{\left[(10+V_1)\times\frac{10}{V_2}-10\right]\times c\times 8\times 1000}{100}$$

式中：V_1——样品滴定时，消耗高锰酸钾标准溶液体积，mL；

V_2——滴定草酸钠标准溶液时，消耗高锰酸钾标准溶液体积，mL；

c——草酸钠标准溶液浓度，0.0100 mol/L。

如样品经稀释后测定，按下式计算：

$$I_{Mn}=\frac{\left\{\left[(10+V_1)\times\frac{10}{V_2}-10\right]-\left[(10+V_0)\times\frac{10}{V_2}-10\right]\times f\right\}\times c\times 8\times 1000}{V_3}$$

式中：V_0——空白实验时，消耗高锰酸钾标准溶液体积，mL；

V_3——所取样品体积，mL；

f——稀释样品时，蒸馏水在 100 mL 测定体积内所占比例（例如：10 mL 样品用水稀释至 100 mL，则 $f=\frac{100-10}{100}=0.90$）。

（六）注意事项

（1）沸水浴的水面要高于锥形瓶内的液面。

（2）测定水样时，样品量以加热氧化后残留的高锰酸钾量为其加入量的 $\frac{1}{3}\sim\frac{1}{2}$ 为宜。加热时，如溶液红色退去，说明高锰酸钾量不够，须重新取样，经稀释后测定。

（3）滴定时如温度低于 60 ℃，则反应缓慢，应加热至 80℃左右。

（4）沸水浴温度为 98 ℃。如在高原地区，报出数据时，需注明水的沸点。

六、透明度的测定

透明度是指水样的澄清程度。洁净的水是透明的，水中悬浮物和胶体愈多，水的透明度就愈低。透明度将影响水体的生物生长，是湖泊、水库监测的必测项目。

通常采用透明度计法和圆盘（透明度盘）法测定透明度。透明度计法适用于天然水和轻度污染水体，圆盘法适用于湖泊透明度的现场测定。下面主要介绍圆盘法测定湖泊的透明度。

（一）仪器

透明度盘（又称塞氏圆盘）为由较厚的生青铜制成的直径 200 mm 的圆盘，盘的一面从中心平分为四个部分，以黑白漆相间涂布，正中心开小孔穿一吊绳，下面加一重锤（一般重 2 kg 左右）。

（二）湖泊透明度的测定

在晴天水面平稳时，将盘在船的背光处平放入水中，逐渐下沉，从上面观察至刚好不能看见盘面的白色时，记下吊绳浸入水中部分的长度。重复测量 2 次，取平均值。

（三）结果表示

记录吊绳浸入水中部分的深度。1 m 以内，用 cm 表示，结果的记录精确到 0.1 cm；1 m 以上深度，用 m 表示，结果的记录精确到 0.1 m。

（四）注意事项

（1）在雨天及大量混浊水流入水体，或水面有较大波浪时，不宜测量透明度。

（2）尽量避开水草、垃圾、油膜等杂物的干扰。

（3）测量前须检查吊绳刻度是否完整且准确，若发现刻度缺失或移位等情况，需补充并重新标定。

（4）测量时监测人员应尽可能接近水面，不可在桥上或岸边测量。

（5）当水流较快，盘面倾斜时，需增加配重，保证盘面水平、吊绳垂直。

（6）测量过程中，须将盘在“刚好看见”与“刚好不能看见”位置之间上下多次移动，以确认“刚好不能看见”的位置。

（7）透明度盘使用时间较长或其他原因导致盘面由白变黄时，应重新涂白。

七、叶绿素 a 的测定

码 1-8　HJ 897—2017

叶绿素 a 是表征浮游植物生物量的最常用的指标之一。发生富营养化的湖泊中藻类生长旺盛，水体中叶绿素 a 浓度也明显增加。因此，叶绿素 a 是评价水体富营养化水平的常用指标之一。

叶绿素 a 的测定方法有分光光度法、荧光法、色谱法，其中以传统的分光光度法（HJ 897—2017）应用最为广泛。

（一）实验目的

（1）了解叶绿素 a 测定的意义和方法。

（2）掌握分光光度法测定叶绿素 a 的原理与操作技术。

（二）实验原理

将一定量样品用滤膜过滤截留藻类，研磨破碎藻类细胞，用丙酮溶液提取叶绿素，离心分离后分别于 750 nm、664 nm、647 nm 和 630 nm 波长处测定提取液吸光度，根据公式计算水中叶绿素 a 的浓度。

（三）实验仪器与设备

（1）可见光分光光度计：配 10 mm 石英比色皿。

（2）离心机：离心力可达到 1000*g*（转速 3000～4000 r/min）。

（3）玻璃刻度离心管：15 mL，旋盖材质不与丙酮反应。

（4）研磨装置：玻璃研钵或其他组织研磨器。

（5）过滤装置：过滤器，微孔滤膜（孔径 0.45 μm，直径 60 mm），真空泵。

（6）针式滤器：0.45 μm 聚四氟乙烯有机相针式滤器。

（7）表层采样器：有机玻璃材质，排空式。

（8）量筒（2 L）。

（9）铝箔。

（10）玻璃纤维滤膜：直径 60 mm，孔径为 0.45～0.7 μm。

（四）实验试剂

（1）丙酮（CH_3COCH_3）。

（2）丙酮溶液（9＋1）：在 900 mL 丙酮中加入 100 mL 蒸馏水。

（3）碳酸镁悬浊液（1％）：称取 1.0 g 碳酸镁，加入 100 mL 蒸馏水，搅拌成悬浊液(使用前充分摇匀)。

(五) 分析步骤

1. 样品的采集

采用表层采样器采集水面下 0.5 m 样品,采样体积为 1 L 或 500 mL。如果样品中含沉降性固体(如泥沙等),应将样品摇匀后倒入 2 L 量筒,避光静置 30 min,取水面下 5 cm 处样品,转移至采样瓶。在每升样品中加入 1 mL 碳酸镁悬浊液,以防止酸化引起色素溶解。如果水深不足 0.5 m,在水深 1/2 处采集样品,但不得混入水面漂浮物。

2. 样品的保存

样品采集后应在 0～4 ℃避光保存、运输,24 h 内运送至检测实验室过滤(若样品 24 h 内不能送达检测实验室,应现场过滤,滤膜避光冷冻运输),样品滤膜于－20 ℃避光保存,14 d 内分析完毕。样品采集后,如条件允许,宜尽快分析完毕。

3. 过滤

在过滤装置上装好玻璃纤维滤膜。根据水体的营养状态确定取样体积,见表 1-4,用量筒量取一定体积的混匀样品,进行过滤,最后用少量蒸馏水冲洗滤器壁。过滤时负压不超过 50 kPa,在样品刚刚完全通过滤膜时结束抽滤,用镊子将滤膜取出,将有样品的一面对折,用滤纸吸干滤膜水分。当富营养化水体的样品无法通过玻璃纤维滤膜时,可采用离心法浓缩样品,但转移过程中应保证提取效率,避免叶绿素 a 的损失及水分对丙酮溶液浓度的影响。

表 1-4　参考过滤样品体积

营养状态	富营养	中营养	贫营养
过滤体积/mL	100～200		500～1000

4. 研磨

将样品滤膜放置于研磨装置中,加入 3～4 mL 丙酮溶液(9＋1),研磨至糊状。补加 3 ～4 mL 丙酮溶液(9＋1),继续研磨,并重复 1～2 次,保证充分研磨 5 min 以上。将完全破碎后的细胞提取液转移至玻璃刻度离心管中,用丙酮溶液冲洗研钵及研磨杵,一并转入离心管中,定容至 10 mL。叶绿素对光及酸性物质敏感,实验室光线应尽量微弱,能进行分析操作即可,所有器皿不能用酸浸泡或洗涤。

5. 浸泡提取

将离心管中的研磨提取液充分振荡混匀后,用铝箔包好,放置于 4 ℃避光浸泡提取 2 h 以上,不超过 24 h。在浸泡过程中要颠倒摇匀 2～3 次。

6. 离心

将离心管放入离心机,以离心力 1000g(转速 3000～4000 r/min)离心 10 min。

然后用针式滤器过滤上清液，得到叶绿素 a 的丙酮提取液(试样)，待测。

7. 空白试样的制备

用实验用水按照与试样的制备相同的步骤进行实验室空白试样的制备。

8. 测定

将试样移至比色皿中，以丙酮溶液(9+1)为参比溶液，于 750 nm、664 nm、647 nm、630 nm 波长处测量吸光度。750 nm 波长处的吸光度应小于 0.005，否则须重新用针式滤器过滤后测定。

9. 空白实验

按照与试样测定相同的步骤，进行实验室空白试样的测定。

(六) 结果计算与表示

1. 结果计算

试样中叶绿素 a 的质量浓度(mg/L)按照下列公式进行计算：

$$\rho_1 = 11.85\times(A_{664}-A_{750})-1.54\times(A_{647}-A_{750})-0.08\times(A_{630}-A_{750})$$

式中：ρ_1——试样中叶绿素 a 的质量浓度，mg/L；

A_{664}——试样在 664 nm 波长处的吸光度值；

A_{647}——试样在 647 nm 波长处的吸光度值；

A_{630}——试样在 630 nm 波长处的吸光度值；

A_{750}——试样在 750 nm 波长处的吸光度值。

样品中叶绿素 a 的质量浓度(μg/L)按照下列公式进行计算：

$$\rho = \frac{\rho_1 \times V_1}{V}$$

式中：ρ——样品中叶绿素 a 的质量浓度，μg/L；

ρ_1——试样中叶绿素 a 的质量浓度，mg/L；

V_1——试样的定容体积，mL；

V——取样体积，L。

2. 结果表示

当测定结果小于 100 μg/L 时，保留至整数位；当测定结果大于或等于 100 μg/L 时，保留 3 位有效数字。

(七) 注意事项

(1) 脱镁叶绿素 a 能够干扰叶绿素 a 的测定，当含有脱镁叶绿素时，叶绿素 a 的测定值偏高。因此，在测定叶绿素 a 的时候还要测定脱镁叶绿素 a。脱镁叶绿素 a 对叶绿素 a 的干扰，可通过测定叶绿素 a 酸化前后产生的吸收峰之比，对表观叶绿素的浓度作脱镁叶绿素 a 的校正。

(2) 750 nm 波长处的吸光度读数用来校正浊度。由于在 750 nm 波长处提取液的吸光度对丙酮与水之比的变化非常敏感，因此对于丙酮提取液的配制要严格遵守90份体积丙酮比10份体积水的配比。

(3) 在研钵中用丙酮溶液(9+1)提取叶绿素时，如果研磨操作进行得不充分，就不能完全提取出来。有条件的实验室，在保证提取效率的前提下可选择合适的电动组织研磨器研磨提取叶绿素a。

(4) 因为叶绿素提取液对光敏感，故提取操作等要尽量在微弱的光照下进行。

(5) 750 nm 波长处的吸光度是用来检查丙酮溶液(9+1)浊度的。用10 mm比色皿的吸光度在0.005以上时，应将溶液再一次充分地离心分离，然后再测定其吸光度。

八、电导率的测定

电导率表示溶液传导电流的能力，纯水的导电能力很弱，但水中溶解了酸、碱、盐等电解质时，其导电能力明显增加。电导率可间接表示水中溶解性酸、碱、盐的含量，反映水中带电荷物质的总浓度。

水体的电导率与电解质的性质、浓度、溶液温度等有关。一般情况下，溶液的电导率是指25 ℃时的电导率。电导率的国际单位是S/m(西门子/米)，常用单位 μS/cm(微西门子/厘米)。进行地表水环境质量监测时，应现场测定电导率。

(一) 实验目的

(1) 掌握电导率的含义。

(2) 掌握电导率测定的环境意义及现场测定方法。

(二) 实验原理

电导是电阻的倒数。将两个电极(通常为铂电极或铂黑电极)插入溶液中，可以测出两电极间的电阻 R。根据欧姆定律，温度一定时，这个电阻值与电极的间距 l 成正比，与电极的截面积 A 成反比，即 $R=\rho\times l/A$。由于电极面积 A 与间距 l 都是固定不变的，故 l/A 是一常数，称为电导池常数(以 K_{cell} 表示)。比例常数 ρ 称为电阻率，其倒数 $1/\rho$ 称为电导率，以 κ 表示($\kappa=K_{cell}/R$)。当已知电导池常数，并测出电阻后，即可求出电导率。

(三) 实验仪器

(1) 电导率仪。

(2) 温度计：0～100 ℃，分度值为0.1 ℃。

(3) 恒温水浴锅：(25±0.2) ℃。

(四) 实验试剂

(1) 测电导率用水。

(2) 氯化钾标准溶液(c(KCl)=0.0100 mol/L):必要时将标准溶液用纯水加以稀释。各种浓度氯化钾溶液的电导率见表 1-5。

表 1-5 25℃时不同浓度氯化钾溶液的电导率

浓度/(mol/L)	电导率/(S/m)	浓度/(mol/L)	电导率/(S/m)
0.0001	0.001489	0.0050	0.07178
0.0005	0.07390	0.0100	0.1413
0.0010	0.01469	0.1000	1.289

(五) 实验步骤

(1) 调节水浴温度至 25 ℃,将 4 支盛有氯化钾标准溶液的试管和水样试管(每种水样 2 支试管)放入水浴中,使其达到恒温。

(2) 电导池常数 K_{cell} 的测定:用 3 支试管中的氯化钾标准溶液依次冲洗电极和 50 mL 小烧杯,将第 4 支试管中的氯化钾标准溶液倒入 50 mL 小烧杯中。根据仪器使用说明书的要求插入电极,测量其电阻 R_{KCl},按 $K_{cell}=0.1413R_{KCl}$ 计算电导池常数 K_{cell}。

(3) 水样测定:先用第 1 支水样冲洗电极和 50 mL 小烧杯,再将第 2 支水样倒入 50 mL 小烧杯中,测量其水样电阻 R_s。若测量水样温度不为 25 ℃,应记录测定时的温度。

(六) 结果表示

当测定时的水样温度为 25 ℃时,水样电导率 κ_s(S/m)为

$$\kappa_s=K_{cell}R_s=\frac{0.1413R_{KCl}}{R_s}$$

式中:K_{cell}——电导池常数,m^{-1};

R_s——测定水样电阻的读数,Ω;

R_{KCl}——0.0100 mol/L 氯化钾标准溶液的电阻,Ω。

如测定时水样的温度不为 25 ℃,就用下式换算成 25 ℃时的电导率 κ_s:

$$\kappa_s=\frac{\kappa_t}{1+a(t-25)}$$

式中:t——测定时水样的温度,℃;

κ_t——在温度 t 下测定水样电导率的读数,S/m;

a——水样中各种离子电导率平均温度系数,取值为0.022。

(七) 注意事项

(1) 按照仪器使用说明书编写电导率仪测定操作规程,便于现场监测人员使用。

(2) 便携式电导率仪应在检定有效期内使用;对于便携式电导率仪,必须保证每月校准一次,更换电极或电池时也需校准;确保测量前仪器已按照校准程序经过校准。

(3) 将电极插入水样中,注意电极上的小孔必须浸泡在水面以下。

(4) 最好使用塑料容器盛装待测的水样。

(5) 电导率随温度变化而变化,温度每升高1 ℃,电导率增加约2%,通常规定25 ℃为测定电导率的标准温度。

九、总有机碳与总氮的测定

水中的总氮(TN)包括所有含氮化合物,即氨氮、亚硝酸盐氮、硝酸盐氮及大部分有机含氮化合物中的氮的总和。总氮中对人体危害最大的是亚硝酸盐氮,当水中的亚硝酸盐氮过高,饮用此水时它将和蛋白质结合形成亚硝胺,它是一种强致癌物质,长期饮用对身体极为不利。而且氨氮在厌氧条件下,也会转化为亚硝酸盐氮;饮用水中硝酸盐氮在人体内经硝酸还原菌作用后被还原为亚硝酸盐氮,毒性将扩大为硝酸盐毒性的11倍,主要影响血红蛋白携带氧的能力,使人体出现窒息现象。总氮是反映水体富营养化的主要指标,掌握总氮排放量、分布状况以及主要来源,对控制水体富营养化、改善水质具有十分重要的意义。

总有机碳(TOC)是指溶解和悬浮在水中的有机物含碳总量,以碳的含量表示水体有机物总量的综合指标。由于TOC的测定采用燃烧法,因此能将有机物全部氧化,它比COD和BOD_5更能反映水体有机物的总量,因此常用来评价水中有机物污染的程度。

码1-9 HJ 501—2009

总有机碳的测定常用燃烧氧化-非分散红外吸收法(HJ 501—2009)。总氮(TN)的常用测定方法是碱性过硫酸钾消解紫外分光光度法(HJ 636—2012),也可以采用燃烧法测定总氮。

码1-10 HJ 636—2012

(一) 实验目的

(1) 掌握氧化燃烧法测定总有机碳、总氮的原理和方法。

(2) 了解TOC、TN测定仪测定样品总有机碳、总氮的工作原理和使用方法。

（二）实验原理

按照测定方式不同，燃烧氧化-非分散红外吸收法测定 TOC 可分为差减法和直接法两种。

差减法测定总有机碳原理：将试样连同净化空气（干燥并除去二氧化碳）分别导入高温燃烧管和低温反应管中，经高温燃烧管的水样受高温催化氧化，使有机化合物和无机碳酸盐均转化成为二氧化碳。经低温反应管的水样酸化而使无机碳酸盐分解成二氧化碳。其所生成的二氧化碳依次引入非色散红外检测器。由于一定波长的红外线被二氧化碳选择吸收在一定浓度范围内，二氧化碳对红外线吸收的强度与二氧化碳的浓度成正比，故可对水样总碳（TC）和无机碳（IC）进行定量测定。总碳与无机碳的差值即为总有机碳。

直接法测定总有机碳原理：试样经酸化曝气，其中的无机碳转化为二氧化碳被去除，再将试样注入高温燃烧管中，可直接测定总有机碳。由于酸化曝气会损失可吹扫有机碳（POC），故测得总有机碳值为不可吹扫有机碳（NPOC）。

燃烧法测定总氮的原理：经过热催化氧化后，产生的 NO 可用电化学检测器（CHD）或非色散红外检测器（NDIR）分析。用 CHD 分析时，分析过程中产生的指示电流和 NO 的浓度成正比，产生的电流信号经放大和模数转换后，由内部计算机计算后报告出结果。用 NDIR 分析时，在红外区 NO 有特征吸收谱带，如果一束光通过含有 NO 的检测池，NO 分子在它的特定波长处会吸收一定比例的辐射能量，所吸收的能量和样品混合气中 NO 的浓度成正比，NDIR 被放在测量池后面，吸收特定波长的光后产生与 NO 浓度成正比的信号，由内部计算机处理完后输出结果。

总氮和总碳分析是同时进行的。

（三）主要实验仪器

（1）总氮/总碳分析仪：燃烧氧化-非分散红外吸收法。

（2）微量注射器：50 μL，具刻度。

（四）实验试剂

（1）无二氧化碳水：将重蒸水在烧杯中煮沸蒸发（蒸发量 10%），冷却后备用。临用现制，TOC 不超过 0.5 mg/L。

（2）无机碳标准贮备液（ρ（无机碳，C）＝400 mg/L）：准确称取无水碳酸钠（预先在 105 ℃下干燥至恒重）1.7634 g 和碳酸氢钠（预先在干燥器内干燥）1.4000 g，置于烧杯中，加水溶解后，转移于 1000 mL 容量瓶中，用水稀释至标线，混匀。在 4℃条件下可保存两周。

(3) 有机碳标准贮备液(ρ(有机碳,C)=400 mg/L):准确称取邻苯二甲酸氢钾(预先在110～120℃下干燥至恒重)0.8502 g,溶解后,转移此溶液于1000 mL容量瓶中,用水稀释至标线,混匀。在4℃条件下可保存两个月。

(4) 差减法标准使用液(ρ(总碳,C)=200 mg/L,ρ(无机碳,C)=100 mg/L):取50.00 mL有机碳标准贮备液和无机碳标准贮备液于200 mL容量瓶中,用水稀释至标线,混匀。在4℃条件下可稳定保存一周。

(5) 直接法标准使用液(ρ(有机碳,C)=100 mg/L):取50.00 mL有机碳标准贮备液于200 mL容量瓶中,用水稀释至标线,混匀。在4℃条件下可稳定保存一周。

(6) TN标准贮备液(1000 mg/L):准确称取硝酸钾(预先在105 ℃下干燥至恒重)3.6110 g和硫酸铵(预先在干燥器内干燥)2.3592 g,置于烧杯中,加水溶解后,转移于1000 mL容量瓶中,用水稀释至标线,混匀。

(7) TN标准使用液(100 mg/L):由TN标准贮备液稀释而成。

(8) 氢氧化钠溶液(10 g/L)。

(9) 盐酸(2 mol/L)。

(10) 载气:氧气,纯度大于99.99%。

(五) 分析步骤

1. 水样的采集与保存

水样采集后,贮存于棕色玻璃瓶中。水样如果不能立即分析,应加硫酸调节pH值为2,并在4 ℃冷藏保存,可保存7 d。

2. 仪器的调试

根据仪器使用说明书调试仪器,设定测定的条件参数(燃烧管温度、载气流量等)。仪器操作步骤和安全注意事项见仪器使用说明书。

3. 标准曲线的绘制

(1) 差减法测定TOC:在6个100 mL容量瓶中,分别加入0 mL、2.00 mL、5.00 mL、10.00 mL、20.00 mL、50.00 mL差减法标准使用液,用无二氧化碳水稀释至标线,混匀,配制成总碳浓度为0 mg/L、4 mg/L、10 mg/L、20 mg/L、40 mg/L、100 mg/L,其中无机碳和有机碳浓度分别为0 mg/L、2 mg/L、5 mg/L、10 mg/L、20 mg/L、50 mg/L的标准溶液。测定前用氢氧化钠溶液调至中性,取一定体积此溶液注入测定仪,选取相应的测量参数,记录相应的响应值。分别绘制总碳和无机碳的标准曲线。

(2) 直接法测定TOC:在6个100 mL容量瓶中,分别加入0 mL、2.00 mL、5.00 mL、10.00 mL、20.00 mL、50.00 mL直接法标准使用液,用无二氧化碳水稀释至标线,混匀,配制成TOC浓度为0 mg/L、2 mg/L、5 mg/L、10 mg/L、20 mg/L、50 mg/L的

标准溶液。测定前用 2 mol/L 盐酸酸化至 pH≤2，取一定体积此溶液注入测定仪，经曝气除去无机碳后导入高温氧化炉，选取相应的测量参数，记录相应的响应值。绘制总有机碳的标准曲线。

(3) 测总氮：在 6 个 100 mL 容量瓶中，分别加入 0 mL、2.00 mL、5.00 mL、10.00 mL、20.00 mL、50.00 mL TN 标准使用液，配制成浓度为 0 mg/L、2 mg/L、5 mg/L、10 mg/L、20 mg/L、50 mg/L 的标准溶液。取一定体积此溶液注入测定仪，选取相应的测量参数，记录相应的响应值。绘制总氮的标准曲线。

4. 样品的 TOC、TN 测定

(1) 差减法测定 TOC：经酸化保存的水样，测定前应采用氢氧化钠溶液调至中性，用 50 μL 微量注射器分别准确吸取一定体积水样，依次注入总碳高温燃烧管和无机碳低温反应管，记录仪器响应值。

(2) 直接法测定 TOC：用 50 μL 微量注射器准确吸取一定体积用硫酸酸化至 pH≤2 的水样，注入测定仪，经曝气除去无机碳后导入高温氧化炉，记录仪器响应值。

(3) 测总氮：用 50 μL 微量注射器准确吸取一定体积水样，注入测定仪，记录相应的响应值。

5. 空白实验

用无二氧化碳水代替水样，按上述步骤测定响应值即为空白值。每天测定前先检验无二氧化碳水的 TOC，测定值应小于 0.5 mg/L。

6. 结果计算

(1) 差减法测定 TOC：根据所测试样响应值，由标准曲线计算出总碳和无机碳质量浓度。试样中总有机碳质量浓度为

$$\rho(\mathrm{TOC})=\rho(\mathrm{TC})-\rho(\mathrm{IC})$$

式中：$\rho(\mathrm{TOC})$——试样总有机碳质量浓度，mg/L；

$\rho(\mathrm{TC})$——试样总碳质量浓度，mg/L；

$\rho(\mathrm{IC})$——试样无机碳质量浓度，mg/L。

(2) 直接法测定 TOC：根据所测试样响应值，由标准曲线计算出总有机碳的质量浓度 $\rho(\mathrm{TOC})$。

(3) 测总氮：根据所测试样响应值，由标准曲线计算出总氮的质量浓度 $\rho(\mathrm{TN})$。

(六) 注意事项

(1) 若采用注射器手动进样，每次注射时尽量将注射针对准进样垫十字切口中心位置。

(2) 注射针每次插入后，等 30 s 后才能将注射器拨出来。

(3) 当水样中硫酸根离子、氯离子浓度大于 400 mg/L，硝酸根离子、磷酸根离子、硫离子浓度大于 100 mg/L 时，对测定有干扰。可用无二氧化碳水稀释水样至干扰离子低于上述浓度后再进行测定。

(4) 每次测试完毕后，应进几针空白液，待仪器指示稳定后，再退出软件，关闭仪器。

十、总磷的测定

磷是生物生长必需的元素之一。当湖泊、水库、海域等水体中磷含量过高(超过 0.2 mg/L)时，可导致藻类等浮游生物的过度繁殖，造成水体富营养化。因此，磷是评价水质的重要指标之一，准确测定其在水体中的含量，对于正确评价水质现状、预测水质发展趋势、防治水污染、保持水环境的健康循环都有着很重要的意义。水中总磷测定的常用方法是钼酸铵分光光度法(GB 11893—1989)。

码 1-11　GB 11893—1989

(一) 实验目的

(1) 了解总磷监测的环境意义。

(2) 掌握钼酸铵分光光度法测定总磷的原理和操作技术。

(二) 实验原理

在中性条件下用过硫酸钾(或硝酸-高氯酸)消解水样，将所含磷全部氧化为正磷酸盐。在酸性介质中，正磷酸盐与钼酸铵反应，在锑盐存在下生成磷钼杂多酸后，立即被抗坏血酸还原，生成蓝色的配合物，于 700 nm 波长处测量吸光度。

(三) 实验试剂

(1) 硫酸溶液(1＋1)。

(2) 硫酸溶液($c(1/2H_2SO_4)\approx 1$ mol/L)。

(3) 硝酸($\rho=1.4$ g/mL)。

(4) 高氯酸($\rho=1.68$ g/mL)。

(5) 氢氧化钠溶液(1 mol/L)。

(6) 氢氧化钠溶液(6 mol/L)。

(7) 过硫酸钾溶液(50 g/L)。

(8) 抗坏血酸溶液(100 g/L)：将 10 g 抗坏血酸溶于水中，并稀释至 100 mL。此溶液贮于棕色试剂瓶中，在冷处可稳定几周。

(9) 钼酸盐溶液：将 13 g 钼酸铵($(NH_4)_6Mo_7O_{24}\cdot 4H_2O$)溶于 100 mL 水中，将 0.35 g 酒石酸锑钾溶于 100 mL 水中。在不断搅拌下分别把上述钼酸铵溶液、酒石酸锑钾溶液徐徐加到 300 mL 硫酸溶液(1+1)中，混合均匀。此溶液贮存于棕色瓶中，在冷处可保存 3 个月。

(10) 浊度-色度补偿液：2 倍体积硫酸溶液(1+1)和 1 倍体积抗坏血酸溶液混合。使用当天配制。

(11) 磷标准贮备溶液(50.0 μg/mL(P))：称取 0.2197 g 于 110 ℃干燥 2 h 的磷酸二氢钾(KH_2PO_4)，用水溶解后转移到 1000 mL 容量瓶中，加入大约 800 mL 水，加 5 mL 硫酸溶液(1+1)，然后用水稀释至标线，混匀。1.00 mL 此标准溶液含 50.0 μg 磷。本溶液在玻璃瓶中可贮存至少 6 个月。

(12) 磷标准使用溶液(2.0 μg/mL(P))：将 10.00 mL 磷标准贮备溶液转移至 250 mL 容量瓶中，用水稀释至标线并混匀。使用当天配制。

(13) 酚酞溶液(10 g/L)：将 0.5 g 酚酞溶于 50 mL 95%的乙醇中。

(四) 实验仪器

(1) 医用手提式节气消毒器或一般压力锅(0.11～0.14 MPa)。

(2) 分光光度计。

(3) 具塞比色管(50 mL)。

(4) 电热板。

(五) 分析步骤

1. 样品的采集与保存

在指定的采样点，采用玻璃容器采集 500 mL 水样，用硫酸酸化至 pH<1。

2. 样品的消解

从以下方法中选择一种方法消解水样：

(1) 过硫酸钾消解：将水样充分摇匀，移取 25 mL 水样于 50 mL 具塞比色管中，加入 4 mL 过硫酸钾溶液，将具塞比色管的盖塞紧后，用一小块布和线将玻璃塞扎紧(或用其他方法固定)，放在大烧杯中于高压蒸气消毒器中加热，待压力达到 0.11 MPa，相应温度为 120 ℃时，保持 30 min 后停止加热。待压力表读数降至零后。取出放冷。然后用水稀释至标线。

(2) 硝酸-高氯酸消解：将水样充分摇匀，移取 25 mL 水样于锥形瓶中，加数粒玻璃珠，加 2 mL 浓硝酸在电热板上加热浓缩至 10 mL。冷后加 5 mL 浓硝酸，再加热浓缩至 10 mL，放冷。加 3 mL 高氯酸，加热至高氯酸冒白烟，此时可在锥形瓶上加小漏斗或调节电热板温度，使消解液在锥形瓶内壁保持回流状态，直至剩下 3～4 mL，放冷。加水 10 mL，加 1 滴酚酞指示剂，滴加氢氧化钠溶液至刚呈现微红色，再滴加 1 mol/L 硫酸溶液使微红色刚好退去，充分混匀。移至具塞比色管中，用水稀释至标线。

3. 样品的测定

分别向装有水样消解液的各个具塞比色管中加入 1 mL 抗坏血酸溶液，混匀，30 s 后加 2 mL 钼酸盐溶液，充分混匀。

如果试样中含有浊度或色度物质，需要做一个全程序空白实验（消解后用水稀释至标线），然后向空白消解液中加入 3 mL 浊度-色度补偿液，但不加抗坏血酸溶液和钼酸盐溶液。

室温下放置 15 min 后，使用 30 mm 比色皿，在 700 nm 波长下，以水为参比，测定吸光度。扣除空白实验的吸光度后，从工作曲线上查得磷的含量。

4. 空白实验

按样品测定步骤进行空白实验，用纯水代替水样，并加入与测定水样时相同体积的试剂。

5. 标准曲线的绘制

取 7 支具塞比色管，分别加入 0.0 mL、0.50 mL、1.00 mL、3.00 mL、5.00 mL、10.0 mL、15.0 mL 磷酸盐标准溶液，加水至 25 mL。然后按样品的测定步骤进行处理。以纯水为参比，测定吸光度。扣除空白实验的吸光度后，和对应的磷的含量绘制标准曲线。

（六）结果的表示

总磷含量以 C(mg/L)表示，按下式计算：

$$C=\frac{m}{V}$$

式中：m——水样测得含磷量，μg；

V——测定用水样的体积，mL。

（七）注意事项

（1）磷含量较少的水样，不要用塑料瓶采样，因磷酸盐易吸附在塑料瓶壁上。

（2）如用硫酸保存水样，当用过硫酸钾消解时，需先将试样调至中性。

（3）取样前应充分摇匀水样，以得到溶解部分和悬浮部分均具有代表性的水样。如样品中磷浓度较高，取样体积可适当减小。

（4）如显色时室温低于 13 ℃，在 20～30 ℃水浴上显色 15 min 即可。

十一、湖泊水质监测实验报告的编写

(一) 湖泊水质监测方案的制订

包括基础资料的收集与调查、监测点位的布设、监测项目与监测方法、采样时间与频率、质量保证措施等内容，具体见水质监测方案相关内容。

(二) 湖泊水质监测项目的现场采样与监测

包括实验目的、原理、实验仪器与材料、样品的采集与保存、样品的测试、实验数据记录与处理等。

(三) 湖泊水质监测结果分析与评价

该湖泊水质管理目标为Ⅲ类，将监测结果与《地表水环境质量标准》(GB 3838—2002)规定的标准限值(见表 1-6)比较，评价该湖泊水质污染状况。

表 1-6　湖泊水质监测结果分析与评价

监测点位	pH 值	透明度/cm	溶解氧/(mg/L)	氨氮/(mg/L)	高锰酸盐指数/(mg/L)	总氮/(mg/L)	总磷/(mg/L)
1#							
2#							
3#							
⋮							
Ⅲ类水体标准值	6～9	100	5	1.0	6	1.0	0.05

(四) 湖泊富营养化评价

1. 综合营养状态指数法

根据中国环境监测总站发布的《湖泊(水库)富营养化评价方法及分级技术规定》(总站生字[2001]090 号)，采用综合营养状态指数法对监测湖水的富营养化状态进行评价。综合营养状态指数计算公式为

$$\mathrm{TLI}\left(\sum\right)=\sum_{j=1}^{m}\left[w_j\times \mathrm{TLI}(j)\right]$$

式中：$\mathrm{TLI}\left(\sum\right)$—— 综合营养状态指数；

w_j—— 第 j 种参数的营养状态指数的相关权重；

TLI(j)—— 第 j 种参数的营养状态指数。

以叶绿素 a(chla) 作为基准参数,则第 j 种参数的归一化的相关权重计算公式为

$$w_j = \frac{r_{ij}^2}{\sum_{j=1}^{m} r_{ij}^2}$$

式中:r_{ij}——第 j 种参数与基准参数 chla 的相关系数;

m——评价参数的个数。

中国湖泊的 chla 与其他参数之间的相关关系 r_{ij} 及 r_{ij}^2 见表 1-7。

表 1-7 中国湖泊部分参数与 chla 的相关关系 r_{ij} 及 r_{ij}^2 值

参数	chla	TP	TN	SD	I_{Mn}
r_{ij}	1	0.84	0.82	−0.83	0.83
${r_{ij}}^2$	1	0.7056	0.6724	0.6889	0.6889

注:引自金相灿等著《中国湖泊环境》,表中 r_{ij} 来源于中国 26 个主要湖泊调查数据的计算结果。

营养状态指数计算公式为

(1) TLI(chla)=10(2.5+1.086lnchla)

(2) TLI(TP)=10(9.436+1.624lnTP)

(3) TLI(TN)=10(5.453+1.694lnTN)

(4) TLI(SD)=10(5.118−1.94lnSD)

(5) TLI(I_{Mn})=10(0.109+2.661lnI_{Mn})

式中:chla 单位为 mg/m^3,透明度 SD 单位为 m;其他指标单位均为 mg/L。

2. 湖泊营养状态分级

采用 0~100 的一系列连续数字对湖泊营养状态进行分级,5 个测定参数的营养状态指数之和与湖泊营养状态等级之间的对应关系列于表 1-8。

表 1-8 湖泊营养状态分级

TLI(Σ)	湖泊营养状态等级
TLI(Σ)<30	贫营养(oligotropher)
30≤TLI(Σ)≤50	中营养(mesotropher)
TLI(Σ)>50	富营养(eutropher)
50<TLI(Σ)≤60	轻度富营养(light eutropher)
60<TLI(Σ)≤70	中度富营养(middle eutropher)
TLI(Σ)>70	重度富营养(hyper eutropher)

（五）实验小结与思考

总结实验心得体会，完成以下思考题：

（1）试分析水样保存的必要性。水样常用的保存方法有哪几种？

（2）用碘量法测定溶解氧时，怎样采集水样？用何种试剂固定水样？

（3）高锰酸盐指数和化学需氧量在应用对象上有何区别？二者在数量上有何关系？

（4）地表水监测中，哪些指标需要在现场测定？

（5）某鱼塘发生大量死鱼事件，疑为水质问题。为了查明原因，试设计一个可行的监测方案。

第二章　工业废水监测实验

人类生活和生产产生的许多废物进入水体后，导致水中某些杂质的含量增加。当这些有害杂质的量增加到一定程度后（超过水体自净能力时），就将导致水体恶化，对人类环境或水的利用产生不利影响。工业废水来源广、种类多、成分复杂。由于污染源不同，有害物质的种类和浓度均有很大差别，例如冶金废水中含较多的重金属，印染废水中含有较多的有机物，农业污染导致的污染水体中含有较高的有机氯或有机磷农药，生活污水中则含较多的洗涤剂和细菌。废水监测项目依据污染源的类型不同而有所不同，选择废水监测项目时，可参照相关行业的废水排放标准；对暂无行业废水排放标准的，可参照《污水综合排放标准（GB 8978—1996）》选择监测项目。

码 2-1　GB 8978—1996

本章以某造纸厂废水监测为例，介绍工业废水监测方案的制订、水样的采集与保存、水样的预处理、典型监测项目的监测方法、分析测试、数据处理与结果评价、监测报告的编写等内容。

一、实 验 目 的

通过对某造纸厂废水的监测，掌握废水监测方案的制订，熟悉废水水样的采集与保存技术，掌握水样的预处理方法，掌握 pH 值、色度、悬浮物（SS）、五日生化需氧量（BOD_5）、化学需氧量（COD）等代表性废水监测指标的分析技术，了解数据处理与废水污染状况的评价方法，掌握废水监测报告的编写方法。

二、造纸废水监测方案的制订

（一）造纸废水资料收集及现场调查

以某造纸厂的水质监测为例，该造纸厂是一家集制浆、造纸、热电、碱回收、污水处理于一体的制浆和造纸联合生产企业，目前拥有高档环保文化纸和高档生活用纸两条连续生产线，生产过程中无氯漂白工艺，生产连续稳定，废水的水量和水质也较稳定。各车间工艺废水经收集后进入厂区污水处理设施，经沉沙池、初沉池、生物接触氧化、絮凝沉淀池、二沉池处理后，废水各项指标达到《制浆造纸工业水污染物排放标准》(GB 3544—2008)中规定限值，经总排放口排入城市污水管网中。

码 2-2　GB 3544—2008

该造纸厂属于国控重点污染源督查企业，在全厂的废水总排放口安装了自动监测设施，实时监测排放废水的 pH 值、COD、SS 等指标情况。

(二) 废水采样点的布设

根据《综合污水排放标准》(GB 8978—1996)的规定，将排放的污染物按其性质及控制方式分为两类。测定六价铬、总汞等第一类污染物时，采样点位一律在车间或车间处理设施排放口；测定第二类污染物的采样点位一律设在排污单位的总排口。根据《制浆造纸工业水污染物排放标准》(GB 3544—2008)的规定，自 2011 年 7 月 1 日起，现有及新建企业可吸附有机卤素(AOX)及二噁英的监测位点均须布置在车间或生产设施废水排放口，其他污染物监测位点均在企业废水总排放口布设，由于该造纸企业无氯漂白工艺，无须监测可吸附有机卤素(AOX)及二噁英。

教学实验重点选择 pH 值、色度、悬浮物(SS)、五日生化需氧量(BOD_5)、化学需氧量(COD)等代表性水质指标进行监测，可在该厂污水处理设施进水口和该厂总排口各设置 1 个采样点，以了解污水处理设施运行效果以及排水水质达标情况。

(三) 废水监测采样时间与水样类型

该造纸厂为国控重点污染源督查企业，由湖北省环境监测站组织监测，每季度采样 1 次，一年 4 次。教学实验采样可在开展实验教学的时期进行。由于该厂的污水处理设施连续稳定运行，水质水量稳定，可采集瞬时水样。

(四) 废水监测项目的确定与监测方法选择

依据《制浆造纸工业水污染物排放标准》(GB 3544—2008)，自 2011 年 7 月 1 日起，新建和现有制浆造纸工业废水监测项目的选择参见表 2-1。

表 2-1　制浆造纸工业水污染物监测项目及其测定方法

序号	污染物项目	方法标准名称	方法标准编号
1	pH 值	水质 pH 值的测定　玻璃电极法	GB 6920—1986
2	色度	水质　色度的测定	GB 11903—1989
3	悬浮物	水质　悬浮物的测定　重量法	GB 11901—1989
4	五日生化需氧量(BOD_5)	水质 五日生化需氧量(BOD_5)的测定 稀释与接种法	HJ 505—2009

续表

序号	污染物项目	方法标准名称	方法标准编号
5	化学需氧量(COD_{Cr})	水质 化学需氧量的测定 重铬酸盐法	HJ 828—2017
		水质 化学需氧量的测定 快速消解分光光度法	HJ/T 399—2007
6	氨氮	水质　氨氮的测定　蒸馏-中和滴定法	HJ 537—2009
		水质　氨氮的测定　纳氏试剂分光光度法	HJ 535—2009
		水质　氨氮的测定　水杨酸分光光度法	HJ 536—2009
		水质　氨氮的测定　气相分子吸收光谱法	HJ/T 195—2005
7	总氮	水质　总氮的测定　碱性过硫酸钾消解紫外分光光度法	HJ 636—2012
		水质　总氮的测定　气相分子吸收光谱法	HJ/T 199—2005
8	总磷	水质　总磷的测定　钼酸铵分光光度法	GB 11893—1989
9	可吸附有机卤素(AOX)	水质　可吸附有机卤素(AOX)的测定　微库仑法	GB/T 15959—1995
		水质　可吸附有机卤素(AOX)的测定　离子色谱法	HJ/T 83—2001
10	二噁英	水质　二噁英类的测定 同位素稀释高分辨气相色谱-高分辨质谱法	HJ 77.1—2008

教学实验重点选择 pH 值、色度、悬浮物(SS)、五日生化需氧量(BOD_5)、化学需氧量(COD)等代表性水质指标进行监测。通过对代表性指标全过程的监测训练，使学生掌握工业废水监测方案设计、采样点的布设、样品的采集与保存、样品的预处理、分析方法选择、分析测试、数据处理及结果评价等技能，进而可将这种监测思路推广到其他行业废水的监测与评价。

(五) 质量控制及质量保证

(1) 采用空白实验、平行样分析、加标回收率等实验室内部质量控制措施。

(2) 通过其他的比对进行实验室外部质量控制。

(3) 对仪器定期校准。

三、造纸废水 pH 值的测定

pH 值表示水的酸碱性的强弱，是重要的水质指标之一。一般地表水 pH 值需在 6.5～8.5 范围内才适合水生生物的正常生长。含酸或含碱废水排入水体后，将造成水体的 pH 值降低或升高，破坏鱼类等水生生物的正常生活条件，用这样的水灌溉农田会造成农作物死亡。

水中 pH 值的常用测定方法是玻璃电极法（GB 6920—1986）。

码 2-3　GB 6920—1986

（一）实验目的

（1）了解 pH 值测定的环境意义。

（2）掌握 pH 计法测定废水 pH 值的原理及操作方法。

（二）测定原理

pH 值由测量电池的电动势而得。该电池通常以饱和甘汞电极为参比电极，玻璃电极为指示电极组成。在 25 ℃，溶液中每变化 1 pH 单位，电位差改变 59.16 mV，据此在仪器上直接以 pH 值的读数表示。

（三）试剂

（1）实验用蒸馏水：新煮沸并冷却（不含 CO_2），其 pH 值在 6.7～7.3 之间为宜。

（2）pH 标准溶液甲：pH＝4.008，25℃。

（3）pH 标准溶液乙：pH＝6.865，25℃。

（4）pH 标准溶液丙：pH＝9.180，25℃。

（四）实验仪器

（1）pH 计（又叫酸度计）或离子浓度计。常规检验使用的仪器至少应当精确到 0.1 pH 单位，pH 范围为 0～14。如有特殊需要，应使用精度更高的仪器。

（2）玻璃电极与甘汞电极，或 pH 复合电极。

（五）样品保存

不加任何保存剂，采样后最好现场测定。否则，应把样品保持在 0～4℃，并在采样后 6 h 之内进行测定。

（六）测定步骤

1. 仪器校准

按仪器使用说明书的操作程序进行仪器校准。先将水样与标准溶液调到同一温度，记录测定温度，并将仪器温度补偿旋钮调至该温度上。用标准缓冲溶液校正仪器，该标准缓冲溶液与水样 pH 值相差不超过 2 pH 单位。

2. 样品测定

测定样品时，先用蒸馏水冲洗电极，再用水样冲洗，然后将电极浸入样品中，小心摇动或进行搅拌使其均匀，静置，待读数稳定时记下 pH 值。

做平行实验。水样测试时应满足的精密度要求见表 2-2。

表 2-2　测试精密度要求

pH 值范围	允许差/pH 单位	
	重复性	再现性
<6	±0.1	±0.3
6～9	±0.1	±0.2
>9	±0.2	±0.5

（七）注意事项

(1) 电极在使用前先放入蒸馏水中浸泡 24 h 以上。

(2) 测定 pH 值时，为减少空气和水样中二氧化碳的溶入量或挥发量，测定前应使水样瓶保持密封状态。

(3) 玻璃电极表面受到污染时，需进行处理。如果附着无机盐结垢，可用温稀盐酸溶解；对钙镁等难溶性结垢，可用 EDTA 二钠溶液溶解；沾有油污时，可用丙酮清洗。电极按上述方法处理后，应在蒸馏水中浸泡一昼夜再使用。注意忌用无水乙醇、脱水性洗涤剂处理电极。

(4) 标准缓冲溶液应在聚乙烯瓶或硬质玻璃瓶内密闭保存，在 4 ℃条件下冷藏。当出现混浊、发霉或沉淀现象时，不能继续使用。

四、造纸废水色度的测定

色度是水质的外观指标。纯水是无色透明的，天然水中含有泥沙、浮游生物、有机质、无机矿物质等，常常呈现一定的颜色。生活污水和工业废水因含多种有机、无机组分而呈现不同的颜色，这是环境水体颜色的主要来源。有色的水可减弱水体的透光性，降低光合作用，从而影响水生生物的生长。当水体有色时，往往表明有污染物质存在；此外，有颜色的水体会给人不愉快的感觉。

码 2-4　GB 11903—1989

水的颜色分为表色和真色。真色是由水中溶解性物质引起的颜色，即完全去除水中悬浮物质后水体呈现的颜色。表色是指没有去除悬浮物的水体所呈现的颜色，即原始水样的颜色。对较清洁的水样，其真色和表色接近。环境监测中水的色度是指真色而言。工业废水的色度是必测指标，其测定的国标方法是稀释倍数法(GB 11903—1989)。本实验采用稀释倍数法对造纸废水的色度进行测定。

(一) 实验目的

(1) 了解色度的来源与危害。
(2) 掌握逐级稀释的操作。
(3) 掌握稀释倍数法测定色度的操作要点。

(二) 实验原理

与光学纯水对照,将样品用光学纯水逐级稀释至刚好看不见颜色时的稀释倍数,即为该水样的稀释倍数,单位为倍。

同时用目视观察样品,用文字描述颜色的深浅(无色、浅色或深色)、色调(红、橙、黄、绿、蓝和紫等),如果可能则包括样品的透明度(透明、混浊或不透明)。该法适用于受污染严重的地表水和工业废水的颜色测定。结果以稀释倍数和文字描述相结合表达。

(三) 实验试剂

光学纯水:将 0.2 μm 滤膜(细菌学研究中所采用的)在 100 mL 蒸馏水或去离子水中浸泡 1 h,用该滤膜过滤蒸馏水或去离子水,弃去最初的 250 mL,用这种过滤的水配制全部标准溶液并作为稀释水。除另有说明外,测定中仅使用光学纯水及分析纯试剂。

(四) 实验仪器

(1) 具塞比色管(50 mL):规格一致,光学透明,玻璃底部无阴影。
(2) 白瓷板或白纸。
(3) 量筒(250 mL 或更大)。

(五) 样品的采样与保存

将样品采集在容积至少为 1 L 的玻璃瓶内,不能添加任何保存剂,在采样后要尽早测定;否则,在 2～5 ℃暗处保存并在 12 h 内测定。

(六) 分析步骤

1. 水样的预处理

将样品倒入 250 mL(或更大)量筒中,静置 15 min,倾取上清液进行测定。当水样静置无法得到上清液时,可用离心法去除悬浮物后,取离心上清液测定。

2. 水样色度的测定

(1) 取一定体积水样上清液于 50 mL 具塞比色管中,用光学纯水逐级稀释成不同倍数,将具塞比色管放在白瓷板(或白纸)上,具塞比色管与白瓷板(或白纸)应呈合适的角度，使光线被反射自具塞比色管底部向上通过液柱。垂直向下观察液柱，比较各个稀释倍数样品和光学纯水，描述样品呈现的色度和色调，如果可能则包括透明度。

(2) 将样品稀释至刚好与光学纯水无法区别为止，记下此时的稀释倍数，即为水样的色度。

(3) 平行测定 2 次。

3. 结果表示

将逐级稀释的各次倍数相乘，所得之积取整数值，即为水样的稀释倍数。在报告色度结果的同时，报告 pH 值。

将各次稀释倍数下观测到的现象(颜色深浅、色调等)记录于表 2-3。

表 2-3 实验数据记录及处理

稀释倍数							
文字描述							与光学纯水无区别

(七) 注意事项

(1) 所取水样应无树叶、枯枝等杂物。

(2) 水的颜色，是指真色而言。应放置澄清后，取上清液进行测定，或离心后取离心上清液测定。

(3) 采用逐级稀释测定色度，对颜色较浅的水样，每次稀释倍数控制在 2 倍；对颜色较深的水样，样品的色度在 50 倍以上时，每次稀释倍数控制在 50 倍以内。

(4) 对取自造纸厂总排放口的水样，当测定的色度结果大于 50 倍时，还应记录 50 倍时的现象。

五、造纸废水悬浮物的测定

水样经过滤后留在过滤器上的不溶性固体物质，于 103～105 ℃烘干至恒重得到的物质称为悬浮物(suspended solid，SS)，也称为总不可滤残渣。悬浮物包括不溶于水的泥沙、各种污染物、微生物及难溶无机物等。常用的过滤器有滤纸、滤膜、石棉坩埚，报告结果时应注明。地表水中的悬浮物会使水体混浊，透明度降低，影响水生生物呼吸与代谢；工业废水和生活污水中含有大量的无机及有机悬浮固体，易堵塞管道，污染环境，应严格控制其排放。

码 2-5 GB 11901—1989

悬浮物是工业废水和污水排放中的必测项目，常用的测定方法是重量法(GB 11901—1989)。

（一）实验目的

（1）了解悬浮物测定的环境意义。
（2）掌握悬浮物样品的采样方法。
（3）掌握重量法测定悬浮物的原理及操作方法。

（二）实验原理

水中的悬浮物是指水样通过孔径为 0.45 μm 的滤膜，截留在滤膜上并于 103～105 ℃烘干至恒重的固体物质。准确移取一定体积的水样进行抽滤后，将滤膜及留在滤膜上的固体残留物烘干至恒重，将所称得的质量减去滤膜质量，即为该测定水样中的悬浮物质量，除以水样体积，得到悬浮物浓度。

（三）水样的采集和保存

1. 水样采集

在指定采样点，用聚乙烯瓶或硬质玻璃瓶准确采集 500～1000 mL 水样，单独定容采样，不能装满容器，然后盖严瓶塞。

2. 样品的保存

采集的水样应尽快分析，不能添加任何保存剂。如需放置，应贮存在 4 ℃冷藏箱中，避光保存，但最长不得超过 7 d。

（四）实验仪器

（1）吸滤装置：吸滤瓶、布氏漏斗、真空泵、抽滤垫圈、无齿扁头镊子。
（2）滤膜：孔径为 0.45 μm。
（3）恒温烘箱：温度精度为 0.5 ℃。
（4）称量瓶、干燥器。

（五）实验试剂

蒸馏水或同等纯度的水。

（六）测定步骤

1. 滤膜准备

用无齿扁头镊子夹取微孔滤膜放于已恒重的称量瓶里，移入烘箱中，于 103～105 ℃烘干半小时后，取出置于干燥器内冷却至温室，称其质量。反复烘干、冷却、称量，直至 2 次称量的质量差 $\Delta m \leqslant 0.2$ mg。将恒重的微孔滤膜正确地放在滤膜过滤器的滤膜托盘上，加盖配套的漏斗，并用夹子固定好，以蒸馏水润湿滤膜，并不断吸滤。

2. 水样的测定

将采集的水样全部通过滤膜。再以每次 10 mL 蒸馏水连续洗涤滤膜 3 次，继续吸滤以除去痕量水分。停止吸滤后，取出载有悬浮物的滤膜放在原恒重的称量瓶里，移入烘箱中于 103～105 ℃下烘干 1 h 后移入干燥器中，待其冷却到室温，称其质量。反复烘干、冷却、称量，直至 2 次称量的质量差≤0.4 mg 为止。平行测定 2 次。

对含悬浮物浓度较高的水样，可能造成过滤困难，遇此情况，可酌情减小抽滤水样的体积。

(七) 结果的表示

悬浮物含量 C(mg/L)按下式计算：

$$C=\frac{(A-B)\times 10^6}{V}$$

式中：C——水中悬浮物浓度，mg/L；

A——悬浮物、滤膜和称量瓶的质量，g；

B——滤膜和称量瓶的质量，g；

V——水样体积，mL。

(八) 注意事项

(1) 采集水样时应注意漂浮或浸没的不均匀固体物质不属于悬浮物质，应从水样中除去。

(2) 贮存水样时应注意不能加入任何保护剂，以防破坏物质在固、液间的分配平衡。

(3) 为了保证测定的精密度和准确度，一般以 5～100 mg 悬浮物量作为量取试样的体积和适用范围。应注意过滤时若滤膜上截留过多的悬浮物，可能夹带过多的水分，除延长干燥时间外，还可能造成过滤困难，遇此情况，可酌情减小取样体积。如果滤膜上悬浮物过少，则会增大称量误差，影响测定结果的准确度，必要时可增大取样体积。

六、造纸废水化学需氧量(COD)的测定

化学需氧量(COD)是指水样在一定条件下，氧化 1 L 水样中还原性物质所消耗的氧化剂的量，以 mg(O_2)/L 表示。化学需氧量反映水体受还原性物质污染的程度。水中的还原性物质包括有机物、亚硝酸盐、亚铁盐、硫化物等。水被有机物污染是很普遍的现象，因此化学需氧量也作为有机物相对含量的指标之一。

化学需氧量的测定方法有重铬酸钾法(HJ 828—2017)、快速消解分光光度法(HJ/T 399—2007)以及库仑滴定法(又称恒电流库仑法)等。

码 2-6　HJ 828—2017

(一) 实验目的

(1) 了解 COD 测定的环境意义与方法。

(2) 掌握重铬酸钾法测定 COD 的原理和操作技术。

(3) 熟悉密封消解分光光度法测定 COD 的原理及操作流程。

码 2-7　HJ/T 399—2007

(二) 水样的采集和保存

(1) 水样的采集:在造纸厂废水总排放口单独采集 100～500 mL 的水样,置于玻璃瓶中。

(2) 水样的保存:采集水样后应尽快分析。如不能立即分析,应加入浓硫酸至 pH<2,4 ℃下保存,保存时间不超过 5 d。

(三) 重铬酸钾法测定 COD

1. 实验原理

在水样中加入已知量的重铬酸钾溶液,在强酸介质下用银盐做催化剂,经沸腾回流后,以试亚铁灵为指示剂,用硫酸亚铁铵滴定水样中未被还原的重铬酸钾,由消耗的硫酸亚铁铵的量换算成消耗氧的质量浓度。

2. 干扰和消除

本方法的主要干扰物为氯离子,可加入硫酸汞溶液掩蔽。氯离子可与硫酸汞结合成可溶性的四氯合汞配离子。硫酸汞溶液的用量可根据水样中氯离子的含量,按质量比 $m(HgSO_4):m(Cl^-)\geqslant 20:1$ 的比例加入。水样中氯离子的含量可采用硝酸银滴定法(GB 11896—1989)进行测定。

码 2-8　GB 11896—1989

3. 实验仪器

(1) 回流装置:带 250 mL 磨口锥形瓶的全玻璃回流装置,可选用水冷或风冷全玻璃回流装置。

(2) 加热装置:加热板、电炉或其他等效消解装置。

(3) 酸式滴定管:25 mL 或 50 mL。

4. 实验试剂

(1) 浓硫酸(H_2SO_4):$\rho=1.84$ g/mL,优级纯。

(2) 硫酸溶液(1+9):将 100 mL 浓硫酸沿烧杯壁缓缓加入 900 mL 水中,搅拌混匀,冷却备用。

(3) 重铬酸钾($K_2Cr_2O_7$):基准试剂,取适量重铬酸钾。于 105 ℃烘箱中烘至恒重,放置在干燥器内。

(4) 邻苯二甲酸氢钾($KHC_8H_4O_4$):基准试剂。

(5) 硫酸汞溶液(ρ=100 g/L):称取 10 g 硫酸汞($HgSO_4$),溶于 100 mL 硫酸溶液(1+9)中,混匀。

(6) 硫酸银-硫酸溶液(10 g/L):于 500 mL 浓硫酸中加入 5 g 硫酸银,放置 1~2 d,不时摇动使其完全溶解。

(7) 重铬酸钾标准溶液($c(1/6K_2Cr_2O_7)$=0.2500 mol/L):准确称取 12.258 g 已烘干至恒重的重铬酸钾基准试剂,溶于水,定容至 1000 mL。

(8) 重铬酸钾标准溶液($c(1/6K_2Cr_2O_7)$=0.0250 mol/L):将 0.2500 mol/L 重铬酸钾标准溶液稀释 10 倍。

(9) 试亚铁灵指示剂:称取 1.485 g 一水合邻菲罗啉、0.695 g 七水合硫酸亚铁,溶于水中,稀释至 100 mL,贮于棕色瓶内。

(10) 硫酸亚铁铵标准溶液($c((NH_4)_2Fe(SO_4)_2\cdot 6H_2O)$约为 0.05 mol/L):称取 19.5 g 硫酸亚铁铵($(NH_4)_2Fe(SO_4)_2\cdot 6H_2O$),溶于水,加入 10 mL 硫酸溶液(1+9),待溶液冷却后稀释至 1000 mL。

临用前,必须用 0.2500 mol/L 重铬酸钾标准溶液标定,标定时应做平行双样。

标定方法:准确移取 5.00 mL 0.2500 mol/L 重铬酸钾标准溶液置于锥形瓶中,用水稀释至约 50 mL,加入 15 mL 浓硫酸,混匀,冷却后,加 3 滴(约 0.15 mL)试亚铁灵指示剂,用硫酸亚铁铵标准溶液滴定,溶液的颜色由黄色经蓝绿色变为红褐色即为终点。记录硫酸亚铁铵标准溶液的消耗量 V(mL)。

硫酸亚铁铵标准溶液浓度按下式计算:

$$c(\text{mol/L})=\frac{5.00\times 0.2500}{V}$$

式中:c——硫酸亚铁铵标准溶液的浓度,mol/L;

V——滴定时消耗硫酸亚铁铵标准溶液的体积,mL。

浓度约为 0.005 mol/L 的硫酸亚铁铵标准溶液由 0.05 mol/L 硫酸亚铁铵标准溶液稀释 10 倍而得,用浓度为 0.0250 mol/L 的重铬酸钾标准溶液标定,其标定步骤及浓度计算同上。

(11) 防暴沸玻璃珠。

5. 水样的测定

(1) 取水样或稀释后的水样 10.00 mL 于 250 mL 磨口锥形瓶中,加入硫酸汞溶液,摇匀(硫酸汞溶液按质量比 $m(HgSO_4):m(Cl^-)\geqslant 20:1$ 的比例加入,最大加入量为 2 mL);准确加入 5.00 mL 0.2500 mol/L 重铬酸钾标准溶液和几颗防暴沸玻璃珠，摇匀。

将锥形瓶连接到回流装置冷凝管下端，接通冷凝水。从冷凝管上端缓慢加入 15 mL 10 g/L 硫酸银-硫酸溶液，为防止低沸点有机物的逸出，不断旋转锥形瓶使之混匀。自溶液开始沸腾起保持微沸回流 2 h。

（2）待回流溶液冷却后，用 45 mL 水自冷凝管上端冲洗冷凝管后，取下锥形瓶。溶液总体积不得少于 75 mL，否则酸度太大，导致滴定终点不明显。

（3）待溶液冷却至室温后，加入 3 滴试亚铁灵指示剂，用浓度约为 0.05 mol/L 的硫酸亚铁铵标准溶液滴定，溶液颜色由黄色经蓝绿色变为红褐色即为终点，记下硫酸亚铁铵标准溶液消耗的体积 V_1(mL)。

（4）对于 COD 小于 50 mg/L 的水样，应采用 0.0250 mol/L 重铬酸钾溶液氧化，加热回流 2 h 后，用 0.005 mol/L 的硫酸亚铁铵标准溶液滴定。

6. 全程序空白实验

测定水样的同时，做全程序空白实验。以 10.00 mL 纯水代替水样，按水样测定相同步骤进行空白实验。记录滴定空白溶液时消耗硫酸亚铁铵标准溶液的体积 V_0(mL)。

7. 结果的表示

水样的化学需氧量(COD)按下式计算：

$$\text{COD}\ (\text{mg}(\text{O}_2)/\text{L})=\frac{(V_0-V_1)\times c\times 8000}{V}\times f$$

式中：c——硫酸亚铁铵标准溶液的浓度，moL/L；

V_0——空白实验所消耗硫酸亚铁铵标准溶液的体积，mL；

V_1——水样测定所消耗硫酸亚铁铵标准溶液的体积，mL；

V——加热回流时所取水样的体积，mL；

8000——1/4 O_2 的摩尔质量以 mg/L 为单位的换算值；

f——样品的稀释倍数。

8. 注意事项

（1）本方法对未经稀释的水样测定上限为 700 mg/L，超过此限值时须稀释后测定。COD 测定结果一般保留 3 位有效数字。

（2）本法不适用于氯离子浓度大于 1000 mg/L（稀释后）的水样，对于稀释后氯离子浓度大于 1000 mg/L 的水样，可采用氯气校正法测定 COD(HJ/T 70—2001)。

码 2-9　HJ/T 70—2001

（3）消解时应使溶液缓慢沸腾，不宜暴沸。如出现暴沸，说明溶液中出现局部过热，会导致测定结果有误。暴沸的原因可能是加热过于激烈，或是防暴沸玻璃珠的效果不好。

(4)水样加热回流后,溶液中重铬酸钾剩余量应是加入量的 1/5～4/5。

(5) 试亚铁灵的加入量虽然不影响临界点,但还是应该尽量一致。当溶液的颜色先变为蓝绿色再变到红褐色即达到终点,但还会存在几分钟后重现蓝绿色的情况,此时需补充滴定,直至红褐色即达到终点。

(6) 所用的试剂如硫酸汞等具有一定的毒性,对健康具有潜在的危害,应避免与这些化学品的直接接触,准备和处理时务必小心。样品前处理过程应在通风橱中进行,所用试剂及分析后的样品须回收并进行安全处理。采用浓硫酸和重铬酸盐处理和消解样品,须穿防护衣,佩戴防护手套,保护好面部。当溶液泼洒时,即刻用大量清水冲洗。

(7) 向水中加入浓硫酸时,必须小心谨慎,边加入边搅拌。

(8) 清洗玻璃仪器时应小心,避免灰尘落入,应单独存放,专门用于测定 COD。

(9) 回流冷凝管不宜用软质乳胶管,否则容易老化、变形、冷却水不通畅。

(10) 要充分保证冷凝效果,用手摸冷凝管上段冷却出水时不能有温感,否则测定结果会偏低。

(11) 对于污染严重的水样,可以通过预实验确定待测水样合适的稀释倍数。预实验方法:移取所需体积 1/10 的水样(稀释一定倍数)置于硬质玻璃管内,按照正式实验的步骤依次加入 1/10 的试剂,摇匀后,加热至沸腾几分钟,观察溶液是否变成蓝绿色。如果呈蓝绿色,表明有机物浓度过高,应增加水样稀释倍数,直至加入各试剂后溶液不变蓝绿色为止。

(四) 快速消解分光光度法测定 COD

1. 实验原理

样品中加入已知量的重铬酸钾溶液,在强硫酸介质中,以硫酸银为催化剂,经高温消解后,用分光光度法测定 COD 值。

当样品中 COD 值为 100～1000 mg/L,在(600±20)nm 波长处测定重铬酸钾被还原产生的三价铬(Cr^{3+})的吸光度,试样中 COD 值与三价铬(Cr^{3+})的吸光度的增加值成正比例关系,将三价铬(Cr^{3+})的吸光度换算成样品的 COD 值。

当样品中 COD 值为 15～250 mg/L,在(440±20)nm 波长处测定吸光度。该波长处吸光度为未被还原的六价铬和被还原产生的三价铬(Cr^{3+})的吸光度之和;样品中 COD 值与吸光度减少值成正比,将吸光度值换算成样品的 COD 值。

2. 实验仪器

(1) 消解管:玻璃材质,在 165 ℃下能承受 600 kPa 的压力,管盖能耐热耐酸。在选用的一批消解管中加入 5 mL 蒸馏水,在选定的波长处测定其吸光度,各管之间的吸光度差值应在±0.005 之内。

(2) 加热器:具有自动恒温加热控制、定时鸣叫等功能。加热器的加热孔直径应与消解管大小配套。

(3) 光度计：普通光度计或专用光度计。

① 普通光度计：带比色皿，将消解管中的消解液倒入比色皿中进行吸光度测定。

② 专用光度计：直接用消解管为比色管测定 COD 的商品化专用光度计。

(4) 消解管支架：耐 165 ℃，便于消解管的取放，不擦伤消解管外壁。

(5) 离心机：可放置消解比色管进行离心分离，转速范围为 0～4000 r/min。

(6) 移液枪：移液范围符合 COD 测定试液的准确移取要求。

3. 实验试剂

(1) 浓硫酸(H_2SO_4)：$\rho=1.84$ g/mL，优级纯。

(2) 硫酸溶液(1+9)。

(3) 硫酸汞溶液($\rho=240$ g/L)：称取 48 g 硫酸汞($HgSO_4$)，溶于 200 mL 硫酸溶液(1+9)中，搅拌溶解。

(4) 硫酸银-硫酸溶液(10 g/L)：于 500 mL 浓硫酸中加入 5 g 硫酸银，放置 1～2 d，不时摇动使其完全溶解。

(5) 重铬酸钾标准溶液($c(1/6K_2Cr_2O_7)=0.5000$ mol/L)：准确称取 24.515 g 已烘干至恒重的重铬酸钾基准试剂置于烧杯中，加入 600 mL 水，搅拌下缓缓加入 100 mL 浓硫酸，溶解冷却后，定容至 1000 mL，该溶液可稳定保存 6 个月。

(6) 重铬酸钾标准溶液($c(1/6K_2Cr_2O_7)=0.1600$ mol/L)：减少重铬酸钾称量质量为 7.8449g，其他步骤同 0.5000 mol/L 重铬酸钾溶液的配制。

(7) 重铬酸钾标准溶液($c(1/6K_2Cr_2O_7)=0.1200$ mol/L)：减少重铬酸钾称量质量为 5.8837g，其他步骤同 0.5000 mol/L 重铬酸钾溶液的配制。

(8) 预装混合试剂：

① 在一支消解管中，按表 2-4 的要求加入重铬酸钾溶液、硫酸汞溶液和硫酸银-硫酸溶液，拧紧盖子，轻轻摇匀，冷却至室温，避光保存。在使用前应将混合试剂摇匀。在常温避光下，可稳定保存 1 年。

② 配制不含汞的预装混合试剂，用硫酸溶液(1+9)代替硫酸汞溶液，按照①方法进行。

表 2-4　预装混合试剂及方法(试剂)标识

测定方法	测定范围	重铬酸钾标准溶液浓度及用量	硫酸汞溶液用量	硫酸银-硫酸溶液用量	消解管规格
比色皿分光光度法	高量程 100～1000 mg/L	0.5000 mol/L，1.00 mL	0.50 mL	6.0 mL	宜采用 ϕ 20 mm×120 mm 或 ϕ 16mm×120mm 密封消解管
	低量程 15～250 mg/L 或 15～150 mg/L	0.1600 mol/L，1.00 mL 或 0.1200 mol/L，1.00 mL	0.50 mL	6.0 mL	

续表

测定方法	测 定 范 围	重铬酸钾标准溶液浓度及用量	硫酸汞溶液用量	硫酸银-硫酸溶液用量	消解管规格
比色管分光光度法	高量程 100～1000 mg/L	0.5000 mol/L， 1.00 mL	0.50 mL	4.0 mL	宜选用 ϕ16 mm×120 mm 密封消解比色管
	低量程 15～150 mg/L	0.1200 mol/L， 1.00 mL	0.50 mL	4.0 mL	

(9) 邻苯二甲酸氢钾($C_6H_4(COOH)(COOK)$)：基准试剂或优级纯，在 105～110 ℃下干燥至恒重，置于干燥器内，待用。

(10) 邻苯二甲酸氢钾 COD 标准贮备液：1 mol 邻苯二甲酸氢钾($C_6H_4(COOH)(COOK)$)可以被 30 mol 重铬酸钾($1/6K_2Cr_2O_7$)完全氧化，其 COD 相当于 30 mol 的氧(1/2O)。

① COD 标准贮备液(COD 值 5000 mg/L)：准确称取 2.1274 g 已烘干至恒重的邻苯二甲酸氢钾，溶于 250 mL 水中，加入约 10 mL 硫酸溶液(1＋9)，用水定容至 500 mL。此溶液在 2～8 ℃下贮存，可稳定保存 1 个月。

② COD 标准贮备液(COD 值 1250 mg/L)：由 COD 值 5000 mg/L 的邻苯二甲酸氢钾溶液稀释得到，该溶液可稳定保存 1 个月。

③ COD 标准贮备液(COD 值 625 mg/L)：由 COD 值 5000 mg/L 的邻苯二甲酸氢钾溶液稀释得到，该溶液可稳定保存 1 个月。

(11) 邻苯二甲酸氢钾 COD 标准系列使用液：

① 高量程(测定上限 1000 mg/L)COD 标准系列使用液：COD 值分别为 100 mg/L、200 mg/L、400 mg/L、600 mg/L、800 mg/L 和 1000 mg/L。分别量取 5.00 mL、10.00 mL、20.00 mL、30.00 mL、40.00 mL 和 50.00 mL 的 COD 值为 5000 mg/L 的邻苯二甲酸氢钾标准贮备液，加入相应的 250 mL 容量瓶中，用水定容至标线，摇匀。此溶液在 2～8 ℃下贮存，可稳定保存 1 个月。

② 低量程(测定上限 250 mg/L)COD 标准系列使用液：COD 值分别为 25 mg/L、50 mg/L、100 mg/L、150 mg/L、200 mg/L 和 250 mg/L。分别量取 5.00 mL、10.00 mL、20.00 mL、30.00 mL、40.00 mL 和 50.00 mL 的 COD 值为 1250 mg/L 的邻苯二甲酸氢钾标准贮备液，加入相应的 250 mL 容量瓶中，用水定容至标线，摇匀。此溶液在 2～8 ℃下贮存，可稳定保存 1 个月。

③ 低量程(测定上限 150 mg/L)COD 标准系列使用液：COD 值分别为 25 mg/L、50 mg/L、75 mg/L、100 mg/L、125 mg/L 和 150 mg/L。分别量取 10.00 mL、20.00 mL、30.00 mL、40.00 mL、50.00 mL 和 60.00 mL 的 COD 值为 625 mg/L 的邻苯二甲酸氢钾标准贮备液，加入相应的 250 mL 容量瓶中，用水定容至标线，摇匀。此溶液在

2～8 ℃下贮存，可稳定保存 1 个月。

(12) 硝酸银溶液($c(AgNO_3)=0.1$ mol/L)：将 17.1 g 硝酸银溶于 1000 mL 水中。

(13) 铬酸钾溶液($\rho(K_2CrO_4)=50$ g/L)：将 5.0 g 铬酸钾溶于少量水中，滴加 0.1 mol/L 硝酸银溶液至有红色沉淀生成，摇匀，静置 12 h，过滤并用水稀释至 100 mL。

4. 干扰及消除

(1) 氯离子是主要的干扰成分，水样中含有氯离子会使测定结果偏高，加入适量硫酸汞与氯离子形成可溶性四氯合汞配离子，可掩蔽氯离子的干扰；选用低量程方法测定 COD，也可减少氯离子对测定结果的影响。

(2) 在(600±20) nm 波长处测试时，Mn(Ⅲ)、Mn(Ⅵ)或 Mn(Ⅶ)形成红色物质，会引起正偏差，其 500 mg/L 的锰溶液(硫酸盐形式)引起正偏差 COD 值为 1083 mg/L，其 50 mg/L 的锰溶液(硫酸盐形式)引起正偏差 COD 值为 121 mg/L；而在(440±20) nm 波长处，则 500 mg/L 的锰溶液(硫酸盐形式)的影响比较小，引起的偏差 COD 值为－7.5 mg/L，50 mg/L 的锰溶液(硫酸盐形式)的影响可忽略不计。

(3) 在酸性重铬酸钾条件下，一些芳香烃类有机物、吡啶等化合物难以氧化，其氧化率较低。

(4) 试样中的有机氮通常转化成铵离子，铵离子不被重铬酸钾氧化。

5. 水样的制备与测定

(1) 水样氯离子的测定。

在试管中加入 2.00 mL 样品，再加入 0.5 mL 硝酸银溶液，充分混合，最后加入 2 滴铬酸钾溶液，摇匀。如果溶液变红，氯离子浓度低于 1000 mg/L；如果仍为黄色，氯离子浓度高于 1000 mg/L。也可按《水质 氯化物的测定 硝酸银滴定法》(GB 11896—1989)中方法测定水样中氯离子的浓度。

(2) 水样的稀释。

应将水样在搅拌均匀时取样稀释，一般取被稀释水样不少于 10 mL，逐级稀释水样，每次稀释倍数小于 10 倍。

初步判定水样的 COD 值，选择对应量程的预装混合试剂，加入相应体积的试样，摇匀，在(165±2) ℃加热 5 min，检查管内溶液是否呈现绿色，如水样变绿色应重新稀释后再进行测定。

(3) 测定条件的选择。

采用比色皿分光光度法测定时，水样取样体积为 3.0 mL；采用比色管分光光度法测定时，水样取样体积为 2.0 mL，其他测试条件见表 2-4 中预装混合试剂。

本实验选择比色管分光光度法测定水样中的 COD。

(4) 工作曲线的绘制。

打开加热器，预热到设定的(165±2) ℃；选定预装混合试剂，摇匀试剂后再拧开消解管的管盖。量取 2.0 mL COD 标准系列溶液(样品)沿消解管内壁慢慢加入消解管中。拧紧消解管的管盖,手执管盖颠倒摇匀消解管中溶液,用无毛纸擦净管外壁。将消解管放入(165±2) ℃的加热器的加热孔中,加热器温度略有降低,待温度升到设定的(165±2) ℃时,计时加热 15 min。待消解管冷却至 60 ℃左右时,手执管盖颠倒摇动消解管几次,使消解管内溶液均匀,用无毛纸擦净管外壁,静置,冷却至室温。

高量程方法在(600±20) nm 波长处,以水为参比液,用比色管分光光度计测定吸光度值;低量程方法在(440±20) nm 波长处,以水为参比液,用比色管分光光度计测定吸光度值。高量程 COD 标准系列使用溶液 COD 值对应其测定的吸光度值减去空白实验测定的吸光度值的差值,绘制工作曲线;低量程 COD 标准系列使用溶液 COD 值对应空白实验测定的吸光度值减去其测定的吸光度值的差值,绘制工作曲线。

(5) 水样的测定。

按照表 2-4 的要求选定对应的预装混合试剂,将已稀释好的水样在搅拌均匀时,取 2.0 mL 水样按照工作曲线测定步骤进行测定。当试样中含有氯离子时,选用含汞预装混合试剂进行氯离子的掩蔽。氯离子与 Ag_2SO_4 易形成 AgCl 白色乳状块,在加热消解前,应颠倒摇动消解管,使白色块状消失。当消解液混浊或有沉淀,影响比色测定时,应用离心机离心变清后,再用比色管分光光度计测定。消解液颜色异常或离心后不能变澄清的样品不适用本测定方法。当消解管底部有沉淀,影响比色测定时,应小心将消解管中上清液转入比色皿中测定。测定的 COD 值由相应的工作曲线查得,或由光度计自动计算得出。

6. 空白实验

用 2.0 mL 水代替水样,按照水样测定的步骤测定其吸光度值,空白实验应与样品同时测定。

7. 结果的表示

在(600±20) nm 波长处测定时,水样 COD 根据下式计算:

$$\mathrm{COD}=n[k(A_s-A_b)+a]$$

在(440±20) nm 波长处测定时,水样 COD 根据下式计算:

$$\mathrm{COD}=n[k(A_b-A_s)+a]$$

式中:COD——水样 COD 值,单位为 mg/L,测定值一般保留 3 位有效数字;

n——水样稀释倍数;

k——工作曲线灵敏度;

A_s——水样测定的吸光度值;

A_b——空白实验测定的吸光度值;

a——工作曲线截距, mg/L。

8. 注意事项

(1) 首次使用的消解管，应按以下方法进行清洗：在消解管中加入适量的硫酸银-硫酸溶液和重铬酸钾溶液的混合液(6＋1)，也可用铬酸洗液代替混合液。拧紧管盖，在 60～80 ℃水浴中加热管子，手执管盖，颠倒摇动管子，反复洗涤管内壁。室温冷却后，拧开盖子，倒出混合液，再用水清洗干净管盖和消解管内外壁。消解管作为比色管时应符合使用说明书的要求，消解管用于吸光度测定的部位不应有擦痕和粗糙；在放入光度计前应确保管子外壁非常洁净。

(2) 光度计在正常工作时，比色皿或消解比色管装入适量水调整吸光度值或 COD 值为 0 时，每隔 1 min，读取记录一次数据，要求 20 min 内吸光度小于 0.005 或 COD 值变化小于 6 mg/L。

(3) 预装混合试剂在常温避光条件下，可稳定保存 1 年。

(五) 质量控制

(1) COD 测定的精密度控制：样品测定和空白实验均应做平行实验。平行样的相对偏差不超过±10%。

(2) COD 测定的准确度控制：应分析一个有证标准样品或质控样品(邻苯二甲酸氢钾标准溶液)，其测定值应在保证值范围内或达到规定的质量控制要求，确保样品测定结果的准确性。

(3) 两种方法的比较分析——t 检验法：将两种方法测得的两组数据，利用 t 检验法分析比较其显著性差异。

七、造纸废水五日生化需氧量(BOD_5)的测定

生化需氧量(BOD)是指水中有机物在好氧微生物生物化学作用下所消耗的溶解氧的量，以 mg(O_2)/L 表示。水中好氧微生物的生物化学过程需要在有溶解氧的条件下，且存在能被微生物利用的营养物质。BOD 可以间接反映水中可被微生物降解的有机物的含量，是研究废水的可生化降解性和生化处理效果，以及生化处理废水工艺设计中的重要参数。

目前国内外普遍采用在(20±1)℃，培养 5 d 所消耗的 DO 量作为评价水中可生物降解有机物的含量的指标，称为 BOD_5。严格地说，彻底的生物氧化需要 100 d 以上，但 20 d 以后，一般变化不大。在实际工作中，为了方便，常用 BOD_5 做统一指标。测定 BOD_5 的方法有稀释与接种法、微生物电极法、活性污泥曝气降解法、压力传感器法等。本实验采用稀释与接种法(HJ 505—2009)测定 BOD_5。

码 2-10　HJ 505—2009

(一) 实验目的

(1) 了解 BOD_5 测定的环境意义。

(2) 掌握稀释与接种法测定 BOD_5 的原理及操作。

(二) 实验原理

生化需氧量是指在规定的条件下,微生物分解水中的某些可氧化的物质,特别是分解有机物的生物化学过程消耗的溶解氧。通常情况下是指水样充满完全密闭的溶解氧瓶,在(20±1)℃的暗处培养 5d±4 h 或(2+5)d±4 h(先在 0~4℃的暗处培养 2 d,接着在(20±1)℃的暗处培养 5 d,即培养(2+5)d,时间偏差在±4 h 以内),分别测定培养前后水样中溶解氧的质量浓度,由培养前后溶解氧的质量浓度之差,计算每升样品消耗的溶解氧量,以 BOD_5 形式表示,单位 为 mg/L。

若样品中含有较高浓度的有机物(BOD_5 大于 6 mg/L),需要稀释后再培养测定,以降低水样中有机物的浓度和保证培养过程有充足的溶解氧。稀释的程度应使培养中所消耗的溶解氧浓度大于 2 mg/L,且剩余的溶解氧浓度也大于 2 mg/L。为了保证水样稀释后有足够的溶解氧,稀释水通常需要进行曝气充氧,使其溶解氧接近饱和状态。稀释水还应加入一定量的 pH 缓冲溶液和无机营养盐(磷酸盐,钙、镁和铁盐),以保证培养过程中微生物生长的需要。

对不含微生物或含微生物少的工业废水,如酸性废水、碱性废水、高温废水、冷冻保存的废水或经过氯化处理等的废水,在测定 BOD_5 时应进行接种,以引进能分解废水中有机物的微生物。当废水中存在难以被一般生活污水中的微生物以正常的速度降解的有机物或含有剧毒物质时,应将驯化后的微生物引入水样中进行接种。

(三) 水样的采集和保存

测定 BOD 的水样需单独采集,充满并密封于棕色玻璃瓶中,样品量不少于 1000 mL,在 0~4℃的暗处运输和保存,并于 24 h 内尽快分析。24 h 内不能分析时,可冷冻保存(冷冻保存时避免样品瓶破裂),冷冻样品分析前需解冻、均质化和接种。

(四) 实验仪器

(1) 滤膜:孔径 1.6 μm。

(2) 溶解氧瓶:带水封,容积 250~300 mL。

(3) 生化培养箱:恒温,带风扇。

(4) 曝气装置:配有空气过滤清洗装置。

(5) 虹吸管:供分取水样和添加稀释水用。

(6) 稀释容器:1~2 L 量筒。

(7) 冰箱:有冷藏和冷冻功能。

（五）实验试剂

（1）磷酸盐缓冲溶液：pH 值为 7.2。将 8.5 g 磷酸二氢钾、21.8 g 磷酸氢二钾、33.4 g 七水合磷酸氢二钠和 1.7 g 氯化铵溶于水，稀释至 1000 mL。此溶液在 0～4 ℃下可稳定保存 6 个月。

（2）硫酸镁溶液（$\rho(MgSO_4)$=11.0 g/L）：将 22.5 g 七水合硫酸镁溶于水中，稀释至 1000 mL。此溶液在 0～4 ℃下可稳定保存 6 个月。

（3）氯化钙溶液（$\rho(CaCl_2)$=27.6 g/L）：将 27.6 g 无水氯化钙溶于水中，稀释至 1000 mL。此溶液在 0～4℃下可稳定保存 6 个月。

（4）氯化铁（Ⅲ）溶液（$\rho(FeCl_3)$=0.25 g/L）：将 0.25 g 六水合氯化铁溶于水中，稀释至 1000 mL。此溶液在 0～4 ℃下可稳定保存 6 个月。

（5）稀释水：在 5～20 L 玻璃瓶中加入一定量的水，控制水温在（20±1）℃，用曝气装置至少曝气 1 h，使水中的溶解氧接近饱和状态（8 mg/L 以上）。也可以通入适量纯氧。使用前每升水中加入（1）（2）（3）（4）四种盐溶液各 1.0 mL，混匀，20 ℃下保存。制备稀释水时，在曝气的过程中防止污染，特别是防止带入有机物、金属、氧化物或还原物。稀释水中氧不能过饱和，使用前需开口放置 1 h，且应在 24 h 内使用。稀释水的 pH 值应为 7.2，BOD_5 应小于 0.2 mg/L。

（6）接种液：可购买接种微生物用的接种物质。也可以按以下任何一种方法获得适合的接种液。① 未受工业废水污染的生活污水：一般将生活污水（COD 不大于 300 mg/L，TOC 不大于 100 mg/L）在室温下放置一昼夜，取上清液使用。② 含有城市污水的河水或湖水。③ 污水处理厂的出水。④ 测定某些含有不易被一般微生物所分解的有机物的工业废水时，需要进行微生物的驯化。为此可以在其排污口下游 2～8 km 处取水样作为废水的驯化接种液。也可以用人工方法驯化，采用一定量的生活污水，每天加入一定量的待测废水，连续曝气培养，当水中出现大量的絮状物时，表明微生物已繁殖，可用作接种液。一般驯化过程需要 3～8 d。

（7）接种稀释水：根据接种液的来源不同，每升稀释水中加入适量接种液，城市生活污水和污水处理厂出水加 1～10 mL，河水或湖水加 10～100 mL。将接种稀释水存放在（20±1）℃的环境中，当天配制当天使用。接种稀释水的 pH 值应为 7.2，BOD_5 应小于 1.5 mg/L。

（8）盐酸（$c(HCl)$=0.5 mol/L）：将 40 mL 浓盐酸溶于水中，稀释至 1000 mL。

（9）氢氧化钠溶液（0.5 mol/L）：将 20 g 氢氧化钠溶于水中，稀释至 1000 mL。

（10）亚硫酸钠溶液（0.0250 mol/L）：将 1.575 g 亚硫酸钠溶于水中，稀释至 1000 mL。此溶液不稳定，需现配现用。

（11）葡萄糖-谷氨酸标准溶液：此溶液 BOD_5 为（210±20）mg/L。将葡萄糖和谷氨酸在 130 ℃干燥 1 h，各称取 150 mg，溶于水中，定容至 1000 mL。此溶液临用前配制。

(12) 丙烯基硫脲硝化抑制剂(1.0 g/L):溶解 0.20 g 丙烯基硫脲于 200 mL 水中,4℃下保存。

(13) 乙酸溶液(1+1)。

(14) 碘化钾溶液(100 g/L):将 10 g 碘化钾溶于水中,稀释至 100 mL。

(15) 淀粉溶液(5 g/L):将 0.5 g 淀粉溶于热水中,稀释至 100 mL。

(六) 水样的预处理

1. pH 值调节

若水样或稀释后水样 pH 值不在 6~8 范围内,应用盐酸或氢氧化钠溶液调节其 pH 值至 6~8。

2. 余氯和结合氯的去除

若水样中含有少量余氯,一般在采样后放置 1~2 h,游离氯即可消失。对在短时间内不能消失的余氯,可加入适量亚硫酸钠溶液去除。加入的亚硫酸钠溶液的量由下述方法确定:取已中和好的水样 100 mL,加入乙酸溶液(1+1)10 mL、100 g/L 碘化钾溶液 1 mL,混匀,暗处静置 5 min。用亚硫酸钠标准溶液滴定析出的碘至淡黄色,加入 1 mL 淀粉溶液为指示剂,再继续滴定至蓝色刚刚退去,即为终点,记录所用亚硫酸钠溶液体积,由消耗的亚硫酸钠溶液体积,计算出水样中应加亚硫酸钠溶液的体积。

3. 样品均质化

对于含有大量颗粒物、需要较大稀释倍数的样品或经冷冻保存的样品,测定前均需将样品搅拌均匀。

4. 样品中藻类的去除

若样品中有大量藻类存在,BOD_5 的测定结果会偏高。当分析结果精度要求较高时,测定前应用 1.6 μm 滤膜过滤,实验报告中注明滤膜滤孔的大小。

5. 样品含盐量的调节

若样品含盐量低,非稀释样品的电导率小于 125 μS/cm 时,需加入适量相同体积的四种盐溶液,使样品的电导率大于 125 μS/cm。每升样品中至少需加入各种盐溶液的体积 V 按下式计算:

$$V=(\Delta\kappa-12.8)/113.6$$

式中:V——需加入各种盐溶液的体积, mL;

$\Delta\kappa$——样品需要提高的电导率值,μS/cm。

(七) 水样测定步骤

若水样中的有机物含量较多,BOD_5 的质量浓度大于 6 mg/L,且样品中有足够的微生物,则采用稀释法测定;若水样中的有机物含量较多,BOD_5 的质量浓度大于

6 mg/L，但水样中无足够的微生物，则采用稀释接种法测定。本实验采用接种稀释法测定。

1. 稀释倍数的确定

样品稀释的程度应使消耗的溶解氧质量浓度不小于 2 mg/L，培养后样品中剩余溶解氧质量浓度不小于 2 mg/L，且试样中剩余的溶解氧的质量浓度为开始浓度的 1/3～2/3 为最佳。稀释倍数可根据样品的总有机碳（TOC）、高锰酸盐指数（I_{Mn}）或化学需氧量（COD_{Cr}）的测定值，按照 BOD_5 与总有机碳（TOC）、高锰酸盐指数（I_{Mn}）或化学需氧量（COD_{Cr}）的比值 R 估计 BOD_5 的期望值（R 与样品的类型有关），再根据表 2-5 确定稀释因子。当不能准确地选择稀释倍数时，一个样品做 2～3 个不同的稀释倍数。

一般来说，未处理的废水 BOD_5/COD＝0.35～0.65，生化处理的废水 BOD_5/COD_{Cr}＝0.20～0.35。根据造纸废水的 COD 值，预估其 BOD_5 的期望值；再根据 BOD_5 的期望值，按表 2-5 确定稀释倍数。

表 2-5 BOD_5 测定稀释倍数的确定

BOD_5 的期望值/(mg/L)	稀释倍数/倍	水样类型
6～12	2	河水、生物净化的城市污水
10～30	5	河水、生物净化的城市污水
20～60	10	生物净化的城市污水
40～120	20	澄清的城市污水或轻度污染的工业废水
100～300	50	轻度污染的工业废水或原城市污水
200～600	100	轻度污染的工业废水或原城市污水
400～1200	200	重度污染的工业废水或原城市污水
1000～3000	500	重度污染的工业废水
2000～6000	1000	重度污染的工业废水

当对待测水样的性质不太了解，无法准确选择稀释倍数时，一般需要做 2～3 个不同的稀释倍数，以确保培养 5 d 后能得到符合测定要求的数据。

2. 水样的准备

待测水样的温度达到(20±2)℃，若水样中溶解氧浓度低，需要用曝气装置曝气 15 min，充分振摇赶走样品中残留的气泡；若样品中氧过饱和，注入样品至容器的 2/3 体积，用力振荡赶出过饱和氧，然后根据水样中微生物含量情况确定测定方法。

3. 水样的稀释与接种

用接种稀释水稀释样品。按照确定的稀释倍数，将一定体积的水样或处理后的水样用虹吸管加入已加部分接种稀释水的稀释容器中，加接种稀释水至刻度，轻轻混合避免残留气泡，待测定。若稀释倍数超过100倍，可进行两步或多步稀释。

4. 空白样品

采用稀释接种法测定时，空白水样为接种稀释水，必要时每升接种稀释水中加入2 mL丙烯基硫脲硝化抑制剂。

5. 碘量法测定培养液中的溶解氧

将经接种稀释水稀释一定倍数的水样充满两个溶解氧瓶，使试样少量溢出，防止试样中的溶解氧质量浓度改变，使瓶中存在的气泡靠瓶壁排出。将一瓶盖上瓶盖，加上水封，在瓶盖外罩上一个密封罩，防止培养期间水封水蒸发干，置于恒温培养箱中培养5 d±4 h或(2+5)d±4 h后，测定培养后试样中溶解氧的质量浓度。另一瓶15 min后测定试样在培养前溶解氧的质量浓度。

溶解氧的测定方法，参见本书第一章。

空白样品(即接种稀释水)的测定同上。

(八) 数据检验与结果计算

1. 数据符合性检验

对接种稀释水，培养5 d后的BOD_5应小于1.5 mg/L。

对某稀释倍数的稀释水样，培养5 d后剩余溶解氧的浓度和消耗溶解氧的浓度均应大于2 mg/L。若不符合该条件，则该稀释倍数的测定结果作废；取符合测定条件的稀释水样计算BOD_5。

2. BOD_5的计算

$$BOD_5(\text{mg/L})=\frac{(\rho_1-\rho_2)-f_1(\rho_3-\rho_4)}{f_2}$$

式中：ρ_1——接种稀释水样在培养前的溶解氧质量浓度，mg/L；

ρ_2——接种稀释水样在培养5 d后的溶解氧质量浓度，mg/L；

ρ_3——空白样品在培养前的溶解氧质量浓度，mg/L；

ρ_4——空白样品在培养5 d后的溶解氧质量浓度，mg/L；

f_1——接种稀释水在培养液中所占比例；

f_2——水样在培养液中所占比例。

BOD_5测定结果以氧的质量浓度(mg/L)报出。对稀释与接种法，如果有几个稀释倍数的结果均满足要求，取这些稀释倍数测定结果的平均值。结果小于100 mg/L时，保留一位小数；100～1000 mg/L，取整数位；大于1000 mg/L时，以科学计数法报出。

(九) 质量控制

(1) 水样BOD_5检出限为0.5 mg/L，测定下限为2 mg/L，稀释法与稀释接种法的测定上限为6000 mg/L。

(2) 稀释法空白样品的测定结果不能超过 0.5 mg/L，稀释接种法空白样品的测定结果不能超过 1.5 mg/L，否则应检查可能的污染来源。

(3) 水样稀释的程度应使消耗的溶解氧质量浓度不小于 2 mg/L，培养后样品中剩余溶解氧质量浓度不小于 2 mg/L，且试样中剩余的溶解氧的质量浓度为开始浓度的 1/3～2/3 为最佳。

(4) 每一批样品要求做一个标准样品，样品的配制方法如下：取 20 mL 葡萄糖-谷氨酸标准溶液于稀释容器中，用接种稀释水稀释至 1000 mL，测定 BOD_5，结果应在 180～230 mg/L 范围内，否则应检查接种液、稀释水的质量。

(5) 平行样品：每一批样品至少做一组平行样，计算相对百分偏差 RP。当 BOD_5 小于 3 mg/L 时，RP 值应不大于±15%；当 BOD_5 为 3～100 mg/L 时，RP 值应不大于±20%；当 BOD_5 大于 100 mg/L 时，RP 值应不大于±25%。计算公式如下：

$$RP=\frac{\rho_1-\rho_2}{\rho_1+\rho_2}\times 100\%$$

式中：RP——相对百分偏差；

ρ_1——第一个水样 BOD_5 的质量浓度，mg/L；

ρ_2——第二个水样 BOD_5 的质量浓度，mg/L。

(十) 注意事项

(1) 盐溶液至少可稳定 1 个月，应贮存在玻璃瓶内，置于暗处。一旦发现有生物滋长迹象，则应弃去不用。

(2) 分析时，试验用水中铜含量不应高于 0.01 mg/L，且不应有氯、氯胺、苛性碱、有机物和酸类。

(3) 制备稀释水时，在曝气过程中防止污染，特别是防止带入有机物、金属、氧化物或还原物。稀释水中溶解氧不能过饱和，使用前需开口放置 1 h，且应在 24 h 内使用。

八、造纸废水水质监测实验报告的编写

实验报告包括以下四个方面的内容。

(一) 造纸废水排放监测方案的制订

包括基础资料的收集与调查、监测点位的布设、监测项目与监测方法的确定、采样时间与频率等内容。

(二) 样品的采集与监测

包括各监测项目实验目的、实验原理、实验试剂、实验仪器、样品的采集与保存、

分析测试、数据记录与处理等。

(三) 造纸废水监测结果与分析

码 2-11　HJ 2015—2012

根据 COD 和 BOD_5 所得数据评价该造纸厂废水的可生化性；与造纸废水行业标准进行比较，判定该企业是否达标排放。

1. 造纸废水可生化性评价

根据进入污水处理设施前的水样监测结果，计算 BOD_5/COD 值，参照《水污染治理工程技术导则》(HJ 2015—2012)及相关文献资料，对照表 2-6 评价造纸废水的可生化性。

表 2-6　废水可生化性评价

BOD_5/COD 值	>0.45	0.3～0.45	0.2～0.3	<0.2
可生化性能	好	较好	较难生物降解	难生物降解

2. 造纸废水排放达标情况评价

根据总排口的水样监测结果，对照《制浆造纸工业水污染物排放标准》(GB 3544—2008)中表 2 规定的新建企业水污染物排放限值(表 2-7 为节选内容)，评价所测定的指标是否达到排放标准。

表 2-7　新建造纸企业水污染物排放限值(GB 3544—2008 节选)

序号	污染物项目	排放限值			监测结果	达标情况
		制浆企业	制浆和造纸联合生产企业	造纸企业		
1	pH 值	6～9	6～9	6～9		
2	色度(稀释倍数)	50	50	50		
3	悬浮物/(mg/L)	50	30	30		
4	BOD_5/(mg/L)	20	20	20		
5	COD_{Cr}/(mg/L)	100	90	80		

(四) 实验小结与思考

总结实验心得体会，完成以下思考题：

(1) 简述工业废水水样采集的类型。

(2) 应如何根据待测指标的性质选择合适的工业废水采样点？

(3) 简述逐级稀释的操作要点。

(4) 测定 COD 时，水样消解后颜色呈现绿色，说明什么问题(用化学反应方程式表示)？此时应怎么办？

(5) 查阅资料，比较重铬酸钾法和快速消解分光光度法测定化学需氧量的优缺点。

(6) 测金属元素时，水样消解的目的是什么？

(7) 采用标准稀释法测 BOD_5，请回答以下问题：

① 应如何确定水样的稀释倍数？

② 水样稀释与接种的目的是什么？

③ 接种稀释水应满足什么条件？

④ 培养 5 d 后，剩余 DO 及消耗的 DO 分别应满足什么条件？

(8) 对同一水样来说，COD 和 BOD_5 在数量上是否有一定的关系？

(9) 某县环保局接到村民的举报，某河段河水出现红色，怀疑是上游某印染厂的污水管道泄漏排放所致。为调查该印染厂废水泄漏对河流水质的影响，试设计一个应急监测方案。

第三章　校园环境空气质量监测实验

空气和废气监测分为空气质量监测和气体污染源监测两大类。空气质量监测又可分为环境空气质量监测和室内空气质量监测。气体污染源监测包括固定污染源监测和流动污染源监测。固定污染源又分为有组织排放源和无组织排放源,有组织排放源指烟囱、烟道和排气筒等,无组织排放源指设在露天环境中或车间、工棚里的无组织排放设施。流动污染源指汽车、飞机、轮船等交通工具排放的废气。

本章以某校园环境空气质量监测为例,介绍环境空气质量监测方案的制订、气体样品的采集与保存、样品的预处理、典型空气监测项目的监测方法、分析测试、数据处理与结果评价、监测报告的编写等内容。

一、实 验 目 的

通过对某校园环境空气质量的监测,学习环境空气质量监测方案的制订,熟悉大气采样器可颗粒物采样器的使用,掌握溶液吸收法和滤料阻留法采集环境空气样品的操作技能,掌握二氧化硫(SO_2)、二氧化氮(NO_2)、可吸入颗粒物(PM_{10})、细颗粒物($PM_{2.5}$)等典型空气质量监测指标的采样与分析测试技术,熟悉大气监测数据处理与结果评价、监测报告的编写等内容。

二、校园环境空气质量监测方案的制订

环境空气质量监测方案的制订程序同水和废水监测方案一样,首先要根据监测目的进行调查研究,在收集相关资料的基础上,确定监测项目,设计监测点位,合理安排采样时间和采样频率,选定采样方法和分析测定技术,提出监测报告要求,制订质量保证程序、措施和方案的实施计划等。下面结合某校园环境空气质量监测展开介绍。

(一) 资料收集及现场调查

该校园依功能大致可以划分为生活区、教学区、办公区和运动休闲区。校园内有5个食堂,均使用天然气作为能源,食堂废气自然排放。有29栋学生公寓,学生公寓无炊事活动;有3栋留学生和教师公寓,偶尔有炊事活动,主要以电为能源。校园内有2座酒店,酒店设有餐厅,使用天然气为能源,废气自然排放。校园附近2 km范

围内无工业源，周边是较为密集的居民区，居民区临街部分门面经营餐饮，使用液化气和蜂窝煤为能源，废气自然排放。学校附近还有菜市场、小吃街、公交车停靠点和建筑工地；学校西南两侧紧临交通道路，早晚高峰时段车流量大，西侧道路夜晚偶有建筑工地渣土车。校园主要的环境空气污染源为汽车尾气、建筑扬尘、餐饮油烟等。

码 3-1　GB 3095—2012

（二）校园环境空气质量监测项目的确定与监测方法选择

根据《环境空气质量标准》(GB 3095—2012)和《环境空气质量指数(AQI)技术规定(试行)》(HJ 633—2012)，目前我国环境空气污染物基本项目有 6 个：二氧化硫(SO_2)、二氧化氮(NO_2)、可吸入颗粒物(PM_{10})、一氧化碳(CO)、细颗粒物($PM_{2.5}$)、臭氧(O_3)。这 6 项污染物也是目前计入环境空气质量指数(AQI)的污染物。6 个环境空气污染物基本项目及其手工分析方法列于表 3-1。

码 3-2　HJ 633—2012

表 3-1　环境空气污染物基本项目及其手工分析方法

序号	污染物项目	手工分析方法	标准编号
1	二氧化硫(SO_2)	甲醛吸收-副玫瑰苯胺分光光度法	HJ 482—2009
		四氯汞盐吸收-副玫瑰苯胺分光光度法	HJ 483—2009
2	二氧化氮(NO_2)	盐酸萘乙二胺分光光度法	HJ 479—2009
3	一氧化碳(CO)	非分散红外法	GB 9801—1988
4	臭氧(O_3)	靛蓝二磺酸钠分光光度法	HJ 504—2009
		紫外光度法	HJ 590—2010
5	可吸入颗粒物(粒径不大于 10 μm)	重量法	HJ 618—2011
6	细颗粒物(粒径不大于 2.5 μm)	重量法	HJ 618—2011

可以根据教学学时计划和教学仪器设备条件确定实验项目。本书主要介绍二氧化硫、二氧化氮、可吸入颗粒物(PM_{10})和细颗粒物($PM_{2.5}$)的监测技术。

（三）监测点位的布设

校园内环境空气质量监测采样点设置主要考虑校园内功能区划及校园周边环境，按照功能区布点原则，在校园不同功能区内设置 5～7 个采样点，采样点设置如图 3-1 所示。

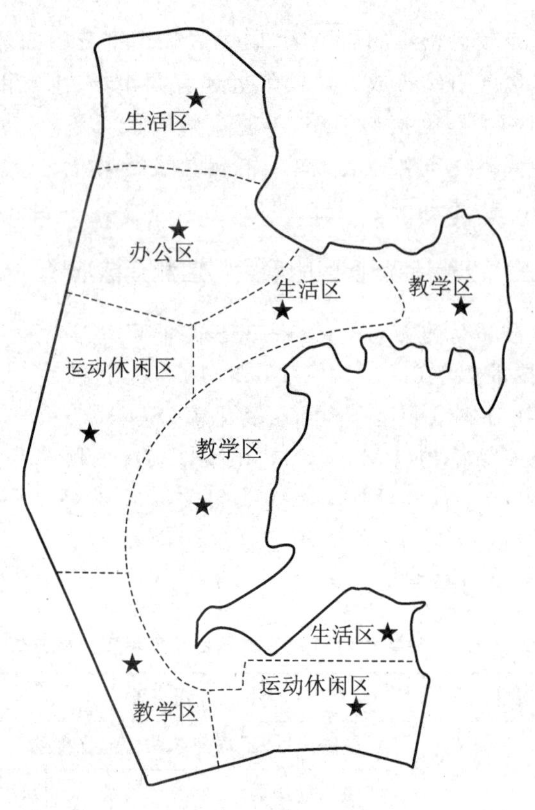

图 3-1　校园环境空气质量监测采样布点示意图

★为采样点

(四) 采样时间与频次

选择在开展实验教学期间的某一天，二氧化硫和二氧化氮等气态污染物的采样时间不短于 2 h，$PM_{2.5}$ 采样时间不短于 20 h，PM_{10} 采样时间不短于 2 h。

(五) 质量保证与质量控制

(1) 采用平行样分析、空白实验等实验室内部质量控制措施进行控制。

现场空白检验：样品分析时测定现场空白值，并与标准曲线的零浓度值进行比较。若空白检验超过控制范围，则这批样品作废。

(2) 对仪器定期校准。

(3) 每次采样前，应对采样系统的气密性进行认真检查。确认无漏气现象后，方可进行采样。

(4) 在颗粒物采样时，采样前应确认采样滤膜无针孔和破损，滤膜的毛面应向上。

(5) 滤膜采集后，如不能立即称重，应在 4℃条件下冷藏保存；对分析有机成分的滤膜，采集后应立即放入－20 ℃冷冻箱内保存至样品处理前，为防止有机物的分解，不宜进行称重。

三、校园环境空气二氧化硫的采集与监测

二氧化硫(SO_2)是主要空气污染物之一，为常规监测的必测项目之一。SO_2 是一种无色、易溶于水、有刺激性气味的气体，能通过呼吸进入气管，对局部组织产生刺激和腐蚀作用，是诱发支气管炎等疾病的原因之一，特别是当它与烟尘等气溶胶共存时，可加重对呼吸道黏膜的损害。

码 3-3　HJ 482—2009

测定空气中 SO_2 常用的方法有分光光度法、紫外荧光法、电导法和气相色谱法。其中，紫外荧光法和电导法主要用于自动监测。本实验采用甲醛吸收-副玫瑰苯胺分光光度法(HJ 482—2009)测定空气中的 SO_2。

(一) 实验目的

(1) 掌握空气采样器的使用方法及用溶液吸收法采集空气样品的操作。

(2) 掌握用分光光度法测定二氧化硫的原理与操作。

(3) 学会大气监测数据处理方法。

(二) 实验原理

二氧化硫被甲醛缓冲溶液吸收后，生成稳定的羟甲基磺酸加成化合物，在样品溶液中加入氢氧化钠使加成化合物分解，释放出的二氧化硫与副玫瑰苯胺、甲醛作用，生成紫红色化合物，用分光光度计在 577 nm 波长处测量吸光度。

(三) 实验仪器

(1) 分光光度计：可见光波长 380～780 nm。

(2) 多孔玻板吸收管(10 mL)：用于短时间采样，液柱高度不低于 80 mm。

(3) 恒温水浴器(0～40 ℃)：温度控制精度为±0.5 ℃。

(4) 具塞比色管(10 mL)：用过的比色管和比色皿应及时用盐酸-乙醇清洗液浸洗，否则红色难以洗净。

(5) 空气采样器：用于短时间采样的空气采样器，流量范围为 0.1～1.0 L/min，应具有保温装置；用于 24 h 连续采样的空气采样器，流量范围为 0.2～0.3 L/min，应具有恒温、恒流、计时、自动控制仪器开关等功能。

(四) 实验试剂

(1) 氢氧化钠溶液($c(NaOH)=1.5$ mol/L)。

(2) 环己二胺四乙酸二钠(CDTA-2Na)溶液(c(CDTA-2Na)=0.05 mol/L):称取 1.82 g CDTA-2Na,加入 6.5 mL 1.5 mol/L 氢氧化钠溶液,用水稀释至 100 mL。

(3) 甲醛缓冲吸收液贮备液:吸取 5.5 mL 36%~38%的甲醛溶液、20.0 mL 0.05 mol/L CDTA-2Na;称取 2.04 g 邻苯二甲酸氢钾,溶于少量水中;将三种溶液合并,再用水稀释至 100 mL。贮存于冰箱可保存 1 年。

(4) 甲醛缓冲吸收液:用水将甲醛缓冲吸收液贮备液稀释 100 倍,临用时现配。

(5) 氨磺酸钠溶液($\rho(NaH_2NSO_3)=6.0$ g/L)。

(6) 碘贮备液($c(1/2I_2)=0.1$ mol/L):称取 12.7 g 碘于烧杯中,加入 40 g 碘化钾和 25 mL 水,搅拌使之完全溶解,用水稀释至 1000 mL,贮存于棕色细口瓶内。

(7) 碘溶液($c(1/2I_2)=0.05$ mol/L):量取 250 mL 碘贮备液,用水稀释至 500 mL,贮于棕色细口瓶中。

(8) 淀粉溶液(ρ(淀粉)=5.0 g/L)。

(9) 碘酸钾标准溶液($c(1/6KIO_3)=0.1000$ mol/L):称取 3.5667 g 碘酸钾(优级纯,经 110℃干燥 2 h)于烧杯中,溶于水,定容至 1000 mL。

(10) 盐酸($c(HCl)=1.2$ mol/L):量取 100 mL 浓盐酸,加入 900 mL 水。

(11) 硫代硫酸钠标准贮备液($c(Na_2S_2O_3)=0.10$ mol/L):称取 25.0 g 五水合硫代硫酸钠,溶于 1000 mL 新煮沸并冷却的水中,加入 0.2 g 无水碳酸钠,贮于棕色细口瓶中,放置 7 d 后备用。使用前,按照以下方法进行标定:

吸取 3 份 20.00 mL 碘酸钾标准溶液,分别置于 250 mL 碘量瓶中,加 70 mL 新煮沸并冷却的水,加入 1 g 碘化钾,振摇至完全溶解后,加 10 mL 1.2 mol/L 盐酸,立即盖好瓶塞,摇匀。于暗处放置 5 min 后,用硫代硫酸钠标准溶液滴定至浅黄色,加 2 mL 淀粉溶液,继续滴定至蓝色刚好退去为终点。硫代硫酸钠标准溶液的浓度按下式计算:

$$c=\frac{0.1000\times 20.00}{V}$$

式中:c——硫代硫酸钠标准溶液的浓度,mol/L;

V——滴定所消耗硫代硫酸钠标准溶液的体积,mL。

(12) 硫代硫酸钠标准溶液($c(Na_2S_2O_3)=0.010$ mol/L):移取 50.0 mL 硫代硫酸钠标准贮备液(0.10 mol/L),置于 500 mL 容量瓶中,用新煮沸并冷却的水中稀释至标线,摇匀。

(13) 乙二胺四乙酸二钠(EDTA-2Na)溶液(ρ(EDTA-2Na)=0.50 g/L):临用时现配。

(14) 亚硫酸钠溶液($\rho(Na_2SO_3)=1$ g/L):称取 0.200 g 亚硫酸钠,溶于 200 mL CDTA-2Na 溶液中,缓缓摇匀以防止充氧,溶解后,放置 2~3 h 后标定。此溶液每毫升相当于 320~400 μg 二氧化硫。

标定方法:

① 取 6 个 250 mL 碘量瓶(A_1、A_2、A_3、B_1、B_2、B_3),在 A_1、A_2、A_3 内各加入 25 mL 乙二胺四乙酸二钠溶液,在 B_1、B_2、B_3 内各加入 25.00 mL 亚硫酸钠溶液,分别加入 50.0 mL 碘溶液和 1.00 mL 冰乙酸,盖好瓶盖,摇匀。

② 立即吸取 2.00 mL 亚硫酸钠溶液,加到一个已装有 40~50 mL 甲醛吸收液的 100 mL 容量瓶中,并用甲醛吸收液稀释至标线,摇匀。此溶液即为二氧化硫标准贮备液,在 4~5℃下冷藏,可稳定 6 个月。

③ A_1、A_2、A_3、B_1、B_2、B_3 6 个瓶子于暗处放置 5 min 后,用硫代硫酸钠溶液滴定至浅黄色,加 5 mL 淀粉指示剂,继续滴定至蓝色刚刚消失。平行滴定所用硫代硫酸钠溶液的体积之差应不大于 0.05 mL。

二氧化硫标准贮备液的质量浓度由下式计算:

$$\rho(SO_2)=\frac{(V_0-V)\times c_2\times 32.02\times 10^3}{25.00}\times\frac{2.00}{100}$$

式中:$\rho(SO_2)$——二氧化硫标准贮备液的质量浓度,μg/mL;

V_0——空白滴定所用硫代硫酸钠溶液的体积, mL;

V——样品滴定所用硫代硫酸钠溶液的体积, mL;

c_2——硫代硫酸钠溶液的浓度,mol/L。

(15) 二氧化硫标准溶液($\rho(SO_2)=1.00$ μg/mL):将二氧化硫标准贮备液用甲醛吸收液稀释,临用时现配。

(16) 盐酸副玫瑰苯胺(PRA)贮备液($\rho(PRA)=2.0$ g/L)。

(17) 盐酸副玫瑰苯胺溶液($\rho(PRA)=0.50$ g/L):吸取 25.00 mL 副玫瑰苯胺贮备液于 100 mL 容量瓶中,加入 30 mL 85%的浓磷酸和 12 mL 浓盐酸,用水稀释至标线,摇匀,放置过夜后使用。避光密封保存。

(18) 盐酸-乙醇清洗液:由 3 份盐酸(1+4)和 1 份 95%乙醇混合配制而成。

(五) 分析步骤

1. 样品采集与保存

采用内装 10 mL 吸收液的多孔玻板吸收管,以 0.5 L/min 的流量采气 45~60 min。吸收液温度保持在 23~29℃。

现场空白:将装有吸收液的多孔玻板吸收管带到采样现场,除了不采气之外,其他环境条件与样品相同。样品采集、运输和贮存过程中应避免阳光照射。如果样品不能当天分析,须将样品放在 5℃的冰箱中保存,但存放时间不得超过 7 d。在采样的同时，记录现场温度和大气压力。

2. 标准曲线的绘制

取 14 支 10 mL 具塞比色管，分 A、B 两组，每组 7 支，分别对应编号。A 组按表 3-2 配制标准曲线系列。

表 3-2　二氧化硫标准曲线系列

管　号	0	1	2	3	4	5	6
二氧化硫标准溶液(1.00 μg/mL)体积/mL	0	0.50	1.00	2.00	5.00	8.00	10.00
甲醛缓冲吸收液体积/mL	10.00	9.50	9.00	8.00	5.00	2.00	0
二氧化硫含量/μg	0	0.50	1.00	2.00	5.00	8.00	10.00
吸光度 A_0							
校正吸光度 A							

在 A 组各管中分别加入 0.5 mL 氨磺酸钠溶液和 0.5 mL 氢氧化钠溶液，混匀。

在 B 组各管中分别加入 1.00 mL PRA 溶液。

将 A 组各管的溶液迅速地全部倒入对应编号并盛有 PRA 溶液的 B 管中，立即加塞混匀后放入恒温水浴装置中显色。在 577 nm 波长处，用 10 mm 比色皿，以水为参比测量吸光度。以空白校正后各管的吸光度为纵坐标，以二氧化硫的含量(μg)为横坐标，用最小二乘法建立标准曲线的回归方程。

显色温度与室温之差不应超过 3 ℃。根据季节和环境条件按表 3-3 选择合适的显色温度与显色时间。

表 3-3　显色条件

显色温度/℃	10	15	20	25	30
显色时间/min	40	25	20	15	5
稳定时间/min	35	25	20	15	10
试剂空白吸光度 A_0	0.030	0.035	0.040	0.050	0.060

3. 样品测定

(1) 样品放置 20 min，以使臭氧分解。样品中若有混浊物，应离心分离除去。

(2) 将吸收管中的样品溶液全部移入 10 mL 比色管中，用少量甲醛吸收液洗涤吸收管，洗液并入比色管中并稀释至标线。加入 0.5 mL 氨磺酸钠溶液，混匀，放置 10 min 以除去氮氧化物的干扰。以下步骤同标准曲线的绘制。测定结果填写在表 3-4 中。

表 3-4　二氧化硫样品的测定

平行样品号	1	2
样品溶液的吸光度		
试剂空白溶液的吸光度		
现场空白样的吸光度		
SO_2 含量/μg		

如果样品溶液的吸光度超过标准曲线的上限，可用试剂空白液稀释，在数分钟内再测吸光度，但稀释倍数不要大于 6。

(六) 结果计算

空气中二氧化硫的质量浓度按下式计算：

$$\rho(SO_2)=\frac{A-A_0-a}{b\times V_s}\times\frac{V_t}{V_a}$$

式中：$\rho(SO_2)$——空气中二氧化硫的质量浓度，mg/m^3；

A——样品溶液的吸光度，

A_0——试剂空白液的吸光度，

b——标准曲线的斜率，吸光度单位/μg；

a——标准曲线的截距(一般要求小于 0.005)；

V_t——样品溶液的总体积，mL；

V_a——测定时所取试样的体积，mL；

V_s——换算成参比状态(101.325 kPa，298.15 K)下的采样体积，L。

计算结果准确到小数点后第 3 位。

(七) 注意事项

(1) 温度对显色有影响，温度越高，空白值越大；温度高时发色快，退色也快。最好使用恒温水浴控制显色温度。测定样品时的温度和绘制标准曲线时的温度相差不要超过 2 ℃。

(2) 六价铬能使紫红色配合物退色，产生负干扰，故应避免用硫酸-铬酸洗液洗涤玻璃器皿。若已用硫酸-铬酸洗液洗涤过，则需用盐酸(1＋1)浸洗，再用水充分洗涤。

(3) 用过的比色管和比色皿应及时用酸洗涤，否则红色难于洗净，可用盐酸(1＋4)加 1/3 乙醇的混合溶液浸洗。

(4) 0.2 %盐酸副玫瑰苯胺溶液：如有经提纯合格的产品出售，可直接购买使用。如果自己配制，需进行提纯和检验，合格后方能使用。

四、校园环境空气二氧化氮的采集与监测

大气中的氮氧化物主要包括一氧化氮、一氧化二氮、五氧化二氮、二氧化氮等，其中一氧化氮和二氧化氮是大气中含氮化合物的主要存在形态，为通常所说的氮氧化物(用 NO_x 表示)。它们主要来源于化石燃料的高温燃烧、汽车尾气和硝酸、化肥等生产排放的废气。

码 3-4 HJ 479—2009

NO 在空气中易氧化为 NO_2，NO_2 具有强烈的刺激性，毒性大。目前 NO_2 为我国环境空气质量标准中的基本监测项目之一，其手工监测常用盐酸萘乙二胺分光光度法，自动监测常用化学发光法、差分吸收光谱分析法。本实验采用盐酸萘乙二胺分光光度法(HJ 479—2009)测定校园环境空气中的二氧化氮。

(一) 实验目的

(1) 掌握大气采样器及溶液吸收法采集大气样品的操作技术。

(2) 掌握盐酸萘乙二胺分光光度法测定大气中二氧化氮的原理、数据处理。

(二) 实验原理

空气中的二氧化氮被盐酸萘乙二胺混合吸收液吸收，反应生成粉红色偶氮染料。生成的偶氮染料在 540 nm 波长处的吸光度与二氧化氮的含量成正比。

该法采样和显色同时进行，操作简便、灵敏度高。NO、NO_2 可分别测定，也可以测 NO_x 总量。测 NO_2 时直接用吸收液吸收和显色。测 NO_x 时，则应将气体先通过酸性高锰酸钾溶液，将大气样中的 NO 氧化为 NO_2，然后再通入吸收液吸收和显色。

(三) 实验仪器

(1) 分光光度计：可见光波长 380～780 nm。

(2) 多孔玻板吸收管(10 mL)：用于短时间采样，液柱高度不低于 80 mm。

(3) 恒温水浴器(0～40 ℃)：温度控制精度为±0.5 ℃。

(4) 具塞比色管(10 mL)：用过的比色管和比色皿应及时用盐酸-乙醇清洗液浸洗，否则红色难以洗净。

(5) 空气采样器：用于短时间采样的空气采样器，流量范围为 0.1～1.0 L/min，应具有保温装置；用于 24 h 连续采样的空气采样器，流量范围为 0.2～0.3 L/min，应具有恒温、恒流、计时、自动控制仪器开关等功能。

(四) 实验试剂

(1) 冰乙酸。

(2) 盐酸羟胺溶液(ρ=0.2～0.5 g/L)。

(3) 硫酸溶液($c(1/2H_2SO_4)$=1 mol/L):取 15 mL 浓硫酸(ρ=1.84 g/mL),慢慢加到 500 mL 水中,搅拌均匀,冷却备用。

(4) 酸性高锰酸钾溶液($\rho(KMnO_4)$=25 g/L):称取 25 g 高锰酸钾于 1000 mL 烧杯中,加入 500 mL 水,稍微加热使其全部溶解,然后加入 1 mol/L 硫酸溶液 500 mL,搅拌均匀,贮于棕色试剂瓶中。

(5) N-(1-萘基)乙二胺盐酸盐贮备液($\rho(C_{10}H_7NH(CH_2)_2NH_2 \cdot 2HCl)$=1.00 g/L):称取 0.50 g N-(1-萘基)乙二胺盐酸盐于 500 mL 容量瓶中,用水溶解稀释至刻度。此溶液贮于密闭的棕色瓶中,在冰箱中冷藏,可稳定保存 3 个月。

(6) 显色液:称取 5.0 g 对氨基苯磺酸($NH_2C_6H_4SO_3H$),溶解于约 200 mL 40～50 ℃热水中,将溶液冷却至室温,全部移入 1000 mL 容量瓶中,加入 50 mL N-(1-萘基)乙二胺盐酸盐贮备液和 50 mL 冰乙酸,用水稀释至刻度。此溶液贮于密闭的棕色瓶中,在 25 ℃以下暗处存放可稳定 3 个月。若溶液呈现淡红色,应弃之重配。

(7) 吸收液:使用时将显色液和水按 4∶1(体积比)比例混合,即为吸收液。吸收液的吸光度不大于 0.005。

(8) 亚硝酸钠标准贮备液($\rho(NO_2^-)$=250 μg/mL):准确称取 0.3750 g 亚硝酸钠($NaNO_2$,优级纯,使用前在(105±5) ℃干燥恒重)溶于水,移入 1000 mL 容量瓶中,用水稀释至标线。此溶液贮于密闭棕色瓶中于暗处存放,可稳定保存 3 个月。

(9) 亚硝酸钠标准工作液($\rho(NO_2^-)$=2.5 μg/mL):准确吸取 1.00 mL 亚硝酸钠标准贮备液于 100 mL 容量瓶中,用水稀释至标线。临用时现配。

(五) 样品采集与保存

1. 样品采集

取 2 支内装 10.0 mL 吸收液的多孔玻板吸收管,用尽量短的硅橡胶管将吸收管与采样器连接,以 0.4 L/min 流量采气 4～24 L。

采样期间,样品运输和存放过程中应避免阳光照射。气温超过 25 ℃时,长时间(8 h 以上)运输和存放样品应采取降温措施。采样结束时,为防止溶液倒吸,应在采样泵停止抽气的同时,闭合连接在采样系统中的止水夹或电磁阀。

2. 现场空白

将装有吸收液的吸收管带到采样现场,与样品在相同的条件下保存、运输,直至送交实验室分析,运输过程中应注意防止污染。要求每次采样至少做 2 个现场空白测试。

3. 样品保存

样品采集、运输及存放过程中避光保存，样品采集后尽快分析。若不能及时测定，将样品于低温暗处存放。样品在 30 ℃暗处存放，可稳定 8 h；在 20℃暗处存放，可稳定 24 h；于 0～4 ℃冷藏，至少可稳定 3 d。

（六）标准曲线的绘制

取 6 支 10 mL 具塞比色管，按表 3-5 分别移取相应体积的 2.5 μg/mL 亚硝酸钠标准工作液，加水至 2.00 mL，加入显色液 8.00 mL。

表 3-5 NO_2^- 标准系列的配制

比色管编号	0	1	2	3	4	5
亚硝酸钠标准使用液体积/mL	0	0.40	0.80	1.20	1.60	2.00
蒸馏水体积/mL	2.00	1.60	1.20	0.80	0.40	0
显色液体积/mL	8.00	8.00	8.00	8.00	8.00	8.00
NO_2^- 质量浓度/(μg/mL)	0	0.10	0.20	0.30	0.40	0.50
吸光度 A_0						
校正吸光度 A						

各管混匀，于暗处放置 20 min(室温低于 20 ℃时放置 40 min 以上)，用 10 mm 比色皿，在 540 nm 波长处，以水为参比测量吸光度，扣除 0 号管的吸光度以后，对应于 NO_2^- 的质量浓度(μg/mL)，用最小二乘法计算标准曲线的回归方程。

标准曲线斜率控制在 0.960～0.978 吸光度单位 · mL/μg，截距控制在 0～0.005 之间(以 5 mL 体积绘制标准曲线时，标准曲线斜率控制在 0.180～0.195 吸光度单位 · mL/μg，截距控制在±0.003 以内)。

（七）样品及现场空白的测定

采样后放置 20 min，室温在 20 ℃以下时放置 40 min 以上，用水将采样瓶中吸收液补充至标线，混匀。用 10 mm 比色皿，在 540 nm 波长处，以水为参比测量吸光度。

按样品测定的步骤测定空白样品的吸光度。

若样品的吸光度超过标准曲线的上限，应用实验室空白试液稀释，再测定其吸光度。但稀释倍数不得大于 6 倍。当现场空白值高于或低于试剂空白值时，应以现场空白值为准，对该采样点的实测数据进行校正。

测定结果记录在表 3-6 中。

表 3-6　二氧化氮样品的测定结果记录

平行样品号	1	2
样品溶液的吸光度		
试剂空白溶液的吸光度		
现场空白样的吸光度		
NO_2^- 含量/μg		

(八) 结果计算

空气中二氧化氮质量浓度 $\rho(NO_2)$(mg/m^3)按下式计算：

$$\rho(NO_2)=\frac{(A_1-A_0-a)\times V\times D}{b\times f\times V_s}$$

式中：A_1——样品的吸光度；

A_0——现场空白的吸光度；

b——标准曲线的斜率，吸光度单位· mL/μg；

a——标准曲线的截距；

V——采样用吸收液体积，mL；

V_s——换算为参比状态(101.325 kPa，293.15 K)下的采样体积，L；

D——样品的稀释倍数；

f——Saltzman 实验系数，0.88(当空气中二氧化氮质量浓度大于 0.72 mg/m^3 时，f 取值 0.77)。

(九) 注意事项

(1) 吸收液应避光，防止光照使吸收液显色而使空白值增高。

(2) 采样过程中防止太阳光照射，在阳光照射下采集的样品颜色偏黄，非玫瑰红色列。

五、校园环境空气 PM_{10} 和 $PM_{2.5}$ 的测定

PM_{10} 称为可吸入颗粒物，是指悬浮在空气中、空气动力学直径≤10 μm 的颗粒物。$PM_{2.5}$ 称为细颗粒物，是指悬浮在空气中、空气动力学直径≤2.5 μm 的颗粒物。

码 3-5　HJ 618—2011

颗粒物测定方法包括重量法、压电晶体差频法、光散射等。本实验采样重量法(HJ 618—2011)测定环境空气中的 PM_{10} 和 $PM_{2.5}$。

（一）实验目的

（1）掌握重量法测定大气中颗粒污染物的方法。

（2）掌握中流量颗粒物采样器基本操作技术以及采样方法。

（二）实验原理

使一定体积的空气以恒定的流速分别通过一定切割特性的采样器，使环境空气中 PM_{10} 和 $PM_{2.5}$ 被截留在已知质量的滤膜上。根据采样前、后滤膜的质量差及采集的气体体积，即可计算 PM_{10} 和 $PM_{2.5}$ 的质量浓度。

（三）实验仪器与材料

（1）滤膜：根据样品采集目的，可选用玻璃纤维滤膜、石英滤膜等无机滤膜或聚氯乙烯、聚丙烯、混合纤维素等有机滤膜。PM_{10} 滤膜对 0.3 μm 标准粒子的截留效率≥99%，$PM_{2.5}$ 滤膜对 0.3 μm 标准粒子的截留效率≥99.7%。空白滤膜放在恒温恒湿箱中平衡处理至恒重，称量后，放入干燥器中备用。

（2）切割器。

① PM_{10} 切割器：切割粒径 $D_{50}=(10\pm0.5)\mu m$；捕集效率的几何标准差为 $\sigma_g=(1.5\pm0.1)\mu m$。

② $PM_{2.5}$ 切割器：切割粒径 $D_{50}=(2.5\pm0.2)\mu m$；捕集效率的几何标准差为 $\sigma_g=(1.2\pm0.1)\mu m$。

（3）采样器。

① 大气颗粒物采样器，中流量采样器工作点流量为 100 L/min，量程为 60～125 L/min，误差≤2%。

② 大气颗粒物采样器，小流量采样器工作点流量为 16.67 L/min，量程为 0～30 L/min，误差≤2%。

（4）分析天平：感量 0.1 mg 或 0.01 mg。

（5）恒温恒湿箱：箱内空气温度在 15～30 ℃范围内可调，控温精度为±1 ℃。箱内空气相对湿度应控制在 50%±5%。恒温恒湿箱可连续工作。

（6）干燥器：内盛变色硅胶。

（四）分析步骤

1. 滤膜的准备

选择边缘平滑、无毛刺、无针孔、无折痕、无破损的滤膜，将选好的滤膜编号。置于恒温恒湿箱中平衡 24 h，平衡温度取 15～30 ℃范围的任一点，相对湿度控制在 45%～55%范围内，记录平衡温度与湿度。平衡 24 h 后，用感量为 0.1 mg 或 0.01 mg

的分析天平称量滤膜，记录滤膜质量 m_1(g)。将称好的滤膜放入滤膜保存盒内。

2. 样品的采集

(1) 在指定的采样位置，采样器入口距地面高度不得小于 1.5 m。

(2) 采用间断采样方式测定日平均浓度时，其次数不应少于 4，累积采样时间不应短于 18 h。

(3) 采样时，将已称重的滤膜用镊子放入洁净采样夹内的滤网上，滤膜毛面应朝进气方向。将滤膜牢固压紧使其不漏气。如果采用间断采样方式测定日平均浓度，每次需更换滤膜。

(4) 采样结束后，取下滤膜夹，用镊子轻轻夹住滤膜边缘，取下样品滤膜，并检查在采样过程中滤膜是否有破裂现象，或滤膜上尘的边缘轮廓不清晰的现象。若有，则该样品膜作废，需重新采样。确认无破裂后，将滤膜的采样面向里对折 2 次放入与样品膜编号相同的滤膜袋(盒)中。记录采样结束时间、采样流量、温度和压力等参数。

(5) 滤膜采集后，如不能立即称重，应在 4 ℃条件下冷藏保存。

3. 样品的测定

将已采样的滤膜在恒温恒湿箱中，与采样前干净滤膜平衡条件相同的温度和湿度下，平衡 24 h。然后在上述平衡条件下称量，记录采样后滤膜与颗粒物的质量 m_2(g)。同一滤膜在恒温恒湿箱中相同条件下再平衡 1 h 后称重，对于 PM_{10} 和 $PM_{2.5}$ 颗粒物样品滤膜，2 次质量之差分别小于 0.4 mg 和 0.04 mg 为满足恒重要求。

(五) 结果计算

$PM_{2.5}$ 和 PM_{10} 浓度按下式计算：

$$\rho=\frac{m_2-m_1}{V}\times 1000$$

式中：ρ ——PM_{10} 或 $PM_{2.5}$ 浓度，mg/m^3；

m_2——采样后滤膜的质量，g；

m_1——空白滤膜的质量，g；

V——实际采样体积，m^3。

计算结果保留 3 位有效数字。

(六) 注意事项

(1) 采样器每次使用前需进行流量校准。

(2) 滤膜使用前均需进行检查，不得有针孔或其他缺陷。称量滤膜时要消除静电的影响。

(3) 取清洁滤膜若干张，在恒温恒湿箱中按平衡条件平衡 24 h，称重。每张滤膜非连续称量 10 次以上，以每张滤膜的平均值为该张滤膜的原始质量。以上述滤膜作为“标准滤膜”。每次称滤膜的同时，称量两张“标准滤膜”。若标准滤膜称出的质量在原始质量±5 mg(大流量)或±0.5 mg(中流量和小流量)范围内，则认为该批样品滤膜称量合格，数据可用。否则，应检查称量条件是否符合要求并重新称量该批样品滤膜。

(4) 采样不宜在风速大于 8 m/s 等天气条件下进行。如果测定交通枢纽处 PM_{10} 和 $PM_{2.5}$，采样点应布置在距人行道边缘外侧 1 m 处。

(5) 要经常检查采样头是否漏气。当滤膜安放正确，采样系统无漏气时，采样后滤膜上颗粒物与四周白边之间界限应清晰，如出现界线模糊，则表明应更换滤膜密封垫。

(6) 对电机有电刷的采样器，应尽可能在电机由于电刷原因停止工作前更换电刷，以免使采样失败。更换时间视以往情况确定。更换电刷后要重新校准流量。新更换电刷的采样器应在负载条件下运转 1 h，待电刷与转子的整流子良好接触后，再进行流量校准。

(7) 当 PM_{10} 或 $PM_{2.5}$ 含量很低时，采样时间不能过短。对于感量为 0.1 mg 和 0.01 mg 的分析天平，滤膜上颗粒物负载量应分别大于 1 mg 和 0.1 mg，以减少称量误差。

(8) 采样前后，滤膜称量应使用同一台分析天平。

六、校园环境空气质量监测实验报告的编写

实验报告包括以下五个方面的内容。

(一) 校园环境空气质量监测方案的制订

包括基础资料的收集与调查、监测点位的布设、监测项目与监测方法、采样时间与频率等内容。

(二) 主要监测项目的现场采样与监测

包括实验目的、实验原理、实验仪器与材料、样品的采集与保存、样品的测试、实验数据记录与处理等。

(三) 校园环境空气质量监测结果分析与评价

根据某大学校园环境空气质量监测结果，计算各监测点二氧化硫、二氧化氮、可吸入颗粒物(PM_{10})和细颗粒物($PM_{2.5}$)的空气质量分指数，并报告各监测点的空气质量指数和空气质量状况。

(四) 环境空气质量指数(AQI)的计算

根据各项污染物对人体的危害及对生态环境的影响来确定空气污染指数的分级及相应的污染物浓度值。目前，我国将 AQI 的范围定为 0～500，并确定 AQI 的值对应于各种污染物对人体健康产生不同影响时的浓度限值，其中 AQI 为 500 时对应于对人体产生严重危害时各项污染物的浓度。空气质量指数对应的污染物项目浓度限值见表 3-7。

表 3-7　空气质量指数及其对应的污染物项目浓度限值

空气质量指数(AQI)	污染物项目浓度限值					
	SO_2 24 h 平均值 /(μg/m^3)	NO_2 24 h 平均值 /(μg/m^3)	$PM_{2.5}$ 24 h 平均值 /(μg/m^3)	PM_{10} 24 h 平均值 /(μg/m^3)	CO 24 h 平均值 /(mg/m^3)	O_3 8 h 平均值 /(μg/m^3)
0	0	0	0	0	0	0
50	50	40	35	50	2	100
100	150	80	75	150	4	160
150	475	180	115	250	14	215
200	800	280	150	350	24	265
300	1600	565	250	420	36	800
400	2100	750	350	500	48	
500	2620	940	500	600	60	

污染物项目 P 的空气质量分指数按下式计算：

$$IAQI_P = \frac{IAQI_{Hi} - IAQI_{Lo}}{BP_{Hi} - BP_{Lo}} \times (C_P - BP_{Lo}) + IAQI_{Lo}$$

式中：$IAQI_P$——污染物项目 P 的空气质量分指数；

C_P——污染物项目 P 的质量浓度值；

BP_{Hi}——表 3-7 中与 C_P 相近的污染物浓度限值的高位值；

BP_{Lo}——表 3-7 中与 C_P 相近的污染物浓度限值的低位值；

$IAQI_{Hi}$——表 3-7 中与 BP_{Hi} 对应的空气质量分指数；

$IAQI_{Lo}$——表 3-7 中与 BP_{Lo} 对应的空气质量分指数。

(五) 环境空气质量状况评价

空气质量指数级别及其对人体健康的影响如表 3-8 所示。

表 3-8 空气质量指数及相关信息

空气质量指数	空气质量指数级别	空气质量类别及表示颜色		对健康的影响	建议采取的措施
0～50	一级	优	绿色	空气质量令人满意，基本无空气污染	各类人群可正常活动
51～100	二级	良	黄色	空气质量可接受，但某些污染物可能对极少数异常敏感人群健康有较弱影响	极少数异常敏感人群应减少户外活动
101～150	三级	轻度污染	橙色	易感人群症状有轻度加剧，健康人群出现刺激症状	儿童、老年人及心脏病、呼吸系统疾病患者应减少长时间、高强度的户外锻炼
151～200	四级	中度污染	红色	进一步加剧易感人群症状，可能对健康人群心脏、呼吸系统有影响	儿童、老年人及心脏病、呼吸系统疾病患者避免长时间、高强度的户外锻炼，一般人群适量减少户外运动
201～300	五级	重度污染	紫色	心脏病和肺病患者症状显著加剧，运动耐受力降低，健康人群中普遍出现症状	儿童、老年人和心脏病、肺病患者应停留在室内，停止户外运动，一般人群减少户外运动
＞300	六级	严重污染	褐红色	健康人运动耐受力降低，有明显强烈症状，提前出现某些疾病	儿童、老年人和病人应当留在室内，避免体力消耗，一般人群应避免户外活动

空气质量指数按下列公式计算：

$$AQI = \max\{IAQI_1, IAQI_2, \cdots, IAQI_n\}$$

式中：IAQI——空气质量分指数；

n——污染物项目数。

AQI 大于 50 时，IAQI 最大的污染物为首要污染物。当 IAQI 最大的污染物为两项或两项以上时，并列为首要污染物。IAQI 大于 100 的污染物为超标污染物。

（六）实验小结与思考

总结实验心得体会，完成以下思考题：

（1）分别进行颗粒物质量分析、颗粒物中有机和无机组分分析时，应如何选择合适材质的采样滤膜？如何对滤膜进行相应的处理？

（2）如何同时测定环境空气中的总氮氧化物和二氧化氮？请用流程图表示。

（3）查阅相关资料，分析甲醛溶液吸收法和四氯汞钾溶液吸收法测定环境空气中二氧化硫的异同。

（4）用溶液吸收法采集环境空气中的气体样品时，如何防止溶液倒吸现象的发生？

第四章　室内空气质量监测实验

随着人们对居住条件的需求日益提高，室内装修呈现普遍化和多样化的趋势。室内（尤其中低层）通风不畅，容易导致室内污染物浓度过高，影响人们身体健康。办公场所因人口密度高、办公家具多等，成为室内环境污染较严重的区域，污染源主要为装修材料、办公家具、办公设备等挥发的有毒有害气体，危害人体健康。

本章以办公场所室内空气质量监测为例，介绍室内空气质量监测方案的制订、气体样品的采集与保存、样品的预处理、典型室内空气污染项目的监测方法、分析测试、数据处理与结果评价、监测报告的编写等。

一、实 验 目 的

通过对某办公场所室内空气质量进行监测，掌握室内空气质量监测方案的制订方法，熟悉溶液吸收法和吸附管吸附法采集气体样品的操作技术，掌握室内甲醛、总挥发性有机物（TVOC）等代表性指标的监测分析技术、数据处理与结果评价，了解室内空气质量监测报告的编写。

二、办公场所空气质量监测方案的制订

（一）资料收集与现场调研

主要收集室内面积大小、空调使用、室内装饰装修污染源情况。

该办公室属于Ⅱ类民用建筑，已投入使用五年，总面积 85 m^2，门窗各一个，窗户配有布艺窗帘，独立空调一台，主要污染源为新配置三聚氰胺板办公家具、窗帘及颗粒板地板。

（二）采样点布设

码 4-1　HJ/T167—2004

根据《室内环境空气质量监测技术规范》（HJ/T167—2004）的规定，采样点数量应根据监测室内面积大小和现场情况来定。原则上小于 50 m^2 的房间应设 1～3 个点，50～100 m^2 应设 3～5 个点，100 m^2 以上应至少设 5 个点，在对角线上或以梅花式均匀分布，相对高度在 0.5～1.5 m 之间，

与门窗的距离应大于 1 m,采样点的高度原则上与人的呼吸带高度一致,当房间内有 2 个及 2 个以上监测点时,应取各点监测结果的平均值作为该房间的检测值。

根据该办公室的具体情况,布设采样点 5 个,以梅花式均匀分布,采样高度为 1 m,与墙壁的距离均大于 0.5 m,与门窗的距离均大于 1 m。

(三) 采样时间和频率

根据 HJ/T167—2004,室内环境空气监测采样时间与频率如下:污染物年平均浓度至少采样 3 个月,日平均浓度至少采样 18 h,8 h 平均浓度至少采样 6 h,1 h 平均浓度至少采样 45 min,采样时间应涵盖通风最差的时间段。

教学实验可监测 1 h 平均浓度,采样时间为 45 min。

(四) 监测项目与方法

按照《室内空气质量标准》(GB/T 18883—2002)的规定,室内环境监测指标包括与人体健康有关的物理、化学、生物和放射性参数等四大类,包括温度、相对湿度等 4 个物理性参数,二氧化硫、二氧化氮、甲醛、总挥发性有机物等 13 个化学性参数以及生物性参数菌落总数、放射性氡,总计 19 个指标的标准值及检验方法。目前,监测实践中重点监测放射性氡、游离甲醛、总挥发性有机物、氨、苯及苯系物等指标。

码 4-2　GB/T 18883—2002

室内空气代表性项目的监测方法列于表 4-1。

表 4-1　室内空气中主要监测项目及其监测方法

序号	监测项目	主要监测方法	来源
1	甲醛(HCHO)	AHMT 分光光度法 酚试剂分光光度法 乙酰丙酮分光光度法	GB/T 16129 GB/T 18204.26 GB/T 15516
2	苯(C_6H_6)	气相色谱法	GB 11737
3	甲苯(C_7H_8)		
4	二甲苯(C_8H_{10})		
5	总挥发性有机化合物(TVOC)	热解吸-毛细管气相色谱法	GB/T 18883
6	氨(NH_3)	靛酚蓝分光光度法 纳氏试剂分光光度法 离子选择电极法 次氯酸钠-水杨酸分光光度法	GB/T 18204.25 GB/T 14668 GB/T 14669 GB/T 14679
7	放射性氡	闪烁瓶测量方法	GB/T 16147

本实验主要介绍室内甲醛与 TVOC 的监测。TVOC 选择热解吸-毛细管气相色谱法(GB/T 18883—2002)。

(五) 采样方法

室内环境空气监测应在外门窗关闭 12 h 以后进行。对采用集中空调的室内环境,应在空调正常运转的条件下进行监测。

根据污染物在室内空气中存在的状态,选用合适的采样方法和仪器。二氧化硫、二氧化氮、甲醛等气态污染物一般采用溶液吸收法,总挥发性有机物(TVOC)和苯一般采用吸附法采样。

三、办公场所甲醛的采集与监测

甲醛是一种具有强刺激性的、无色易溶的气体,被国际癌症研究机构(IARC)确定为致癌物和致畸物质。室内环境的甲醛主要来自装饰装修材料、家具及日用生活化学品的释放。

码 4-3　GB/T 18204.26—2000

甲醛是我国室内空气质量监测的必测项目。目前室内空气中甲醛监测的方法主要有两大类,即国家标准法和便携式仪器检测法。《室内空气质量标准》(GB/T 18883—2002)规定甲醛监测的国家标准方法包括酚试剂分光光度法、4-氨基-3-联氨-5-巯基-1,2,4-三氮杂茂(简称 AHMT)分光光度法、乙酰丙酮分光光度法和气相色谱法。本书介绍检出限较低的酚试剂分光光度法(GB/T 18204.26—2000)。

(一) 实验目的

(1) 了解室内环境中甲醛污染的主要来源及其危害,明确室内甲醛监测的意义。

(2) 掌握室内甲醛的采集与分析方法。

(二) 实验原理

空气中的甲醛与酚试剂反应生成嗪,嗪在酸性溶液中被铁离子氧化形成蓝绿色化合物。根据颜色深浅,在 630 nm 波长处进行定量分析。

(三) 实验仪器与设备

(1) 大型气泡吸收管:出气口内径为 1 mm,出气口至管底距离不大于 5 mm。

(2) 空气采样器:流量范围为 0～1 L/min。流量稳定可调,恒流误差小于 2%,

采样前和采样后应用皂沫流量计校准采样系列流量，误差小于 5%。

(3) 具塞比色管(10 mL)。

(4) 分光光度计：在 630 nm 波长处测定吸光度。

(四) 主要试剂

本法中所用水均为重蒸馏水或去离子交换水，所用的试剂纯度一般为分析纯。

(1) 吸收液原液：称量 0.10 g 酚试剂，加水溶解，定容到 100 mL。放冰箱中，可稳定保存 3 d。

(2) 吸收液：量取 5 mL 吸收原液，加 95 mL 水，即为吸收液。采样时，临用现配。

(3) 硫酸铁铵溶液(1%)。

(4) 碘溶液($c(1/2I_2)$=0.1 mol/L)：称量 40 g 碘化钾，溶于 25 mL 水中，加入 12.7 g 碘。待碘完全溶解后，用水定容至 1000 mL。移入棕色瓶中，暗处贮存。

(5) 氢氧化钠溶液(c=1 mol/L)。

(6) 硫酸溶液(c=0.5 mol/L)。

(7) 硫代硫酸钠标准溶液($c(Na_2S_2O_3)$=0.1 mol/L)。

(8) 淀粉溶液(0.5%)：将 0.5 g 可溶性淀粉用少量水调成糊状后，再加入 100 mL 沸水，并煮沸 2～3 min 至溶液透明。冷却后，加入 0.1 g 水杨酸或 0.4 g 氯化锌保存。

(9) 甲醛标准贮备溶液：取 2.8 mL 36%～38%甲醛溶液，放入 1 L 容量瓶中，加水稀释至刻度。此溶液 1 mL 约相当于 1 mg 甲醛。其准确浓度用碘量法标定。

甲醛标准贮备溶液的标定：精确量取 20.00 mL 待标定的甲醛标准贮备溶液，置于 250 mL 碘量瓶中。加入 20.00 mL 0.1 mol/L 碘溶液和 15 mL 1 mol/L 氢氧化钠溶液，放置 15 min。加入 20 mL 0.5 mol/L 硫酸溶液，再放置 15 min，用 0. 1000 mol/L 硫代硫酸钠标准溶液滴定，至溶液呈现淡黄色时，加入 1 mL 0.5%淀粉溶液，继续滴定至恰使蓝色退去为止，记录所用硫代硫酸钠标准溶液的体积(V_2)。同时用水作试剂进行空白滴定，记录空白滴定所用硫代硫酸钠标准溶液的体积(V_1)。甲醛溶液的浓度用下列公式计算：

$$\text{甲醛溶液浓度(mg/mL)}=\frac{(V_1-V_2)\times c_1\times 15}{20}$$

式中：V_1——试剂空白消耗 0.1000 mol/L 硫代硫酸钠标准溶液的体积，mL ；

V_2——甲醛标准贮备溶液消耗 0.1000 mol/L 硫代硫酸钠标准溶液的体积，mL；

c_1——硫代硫酸钠标准溶液的准确浓度，mol/L；

15——$\frac{1}{2}CH_2O$ 的摩尔质量(g/mol)；

20——所取甲醛标准贮备溶液的体积(mL)。

2 次平行滴定的误差应小于 0.05 mL，否则重新标定。

(10) 甲醛标准溶液:临用时,将甲醛标准贮备溶液用水稀释成 1.00 mL 含 10 μg 甲醛,立即再取此溶液 10.00 mL,加入 100 mL 容量瓶中,加入 5 mL 吸收原液,用水定容至 100 mL,此液 1.00 mL 含 1.00 μg 甲醛,放置 30 min 后,用于配制标准系列。此标准溶液可稳定保存 24 h。

(五) 样品采集

采样时,移取 5.0 mL 吸收液于气泡吸收管中,用尽量短的硅橡胶管将其与空气采样器相连,以 0.5 L/min 流量采气 10～20 L。采样结束后,密封好采样管,在室温下样品应在 24 h 内分析。按表 4-2 记录采样现场的温度、大气压力和采气体积。

表 4-2 室内空气甲醛的采样记录

采样点	1	2	3	4	5
采样流量/(L/min)					
采样时间/min					
温度/℃					
大气压力/kPa					
采样体积 V_t/L					
标准状态下的采样体积 V_0/L					

采集甲醛样品时,应准备一个现场空白吸收管(内装吸收液,进气口和出气口用硅橡胶管连接并密封)。将现场空白吸收管和其他采样吸收管同时带到现场,现场空白吸收管不采样,采样结束后和其他采样吸收管一起带回实验室,进行空白测定。

(六) 标准曲线的绘制

取 6 支 10 mL 具塞比色管,按表 4-3 配制甲醛标准系列。

表 4-3 甲醛标准系列

管号	1	2	3	4	5	6	7	8
甲醛标准溶液体积/mL	0	0.10	0.20	0.40	0.80	1.20	1.60	2.00
吸收液体积/mL	5.0	4.90	4.80	4.60	4.20	3.80	3.40	3.00
甲醛含量/μg	0	0.1	0.2	0.4	0.8	1.2	1.6	2.0
吸光度 A								
校准吸光度 ΔA								

于各管中,加入 0.4 mL 1%硫酸铁铵溶液,摇匀,放置 15 min。用 1 cm 比色皿,

以水为参比，在 630 nm 波长处测定各管溶液的吸光度。将上述标准系列溶液测得的吸光度 A 值扣除试剂空白的吸光度 A_0 值后，得到校准吸光度值 ΔA，以校准吸光度值为纵坐标，以甲醛含量为横坐标，绘制标准曲线，并计算回归线斜率，以斜率的倒数作为样品测定的计算因子 B_g（μg/吸光度单位）。

（七）样品及空白的测定

采样结束后，将采样吸收管的样品溶液全部转入比色管中，并用少量吸收液淋洗采样吸收管后并入比色管，使总体积为 5 mL。按绘制标准曲线的操作步骤测定样品溶液的吸光度（A）。

在测定每批样品的同时，按绘制标准曲线的操作步骤测定现场空白吸收管中吸收液的吸光度（A_0），即空白实验的吸光度。

（八）结果计算

1. 采样体积的换算

将现场采样体积换算为参考状态下的体积：

$$V_0=\frac{T_0}{273+t}\times\frac{p}{p_0}\times V_t$$

式中：V_0——标准状态下的采样体积，L；

V_t——采样体积，为采样流量（L/min）与采样时间（min）的乘积；

t——采样点的温度，℃；

T_0——标准状态下的绝对温度，273 K；

p——采样点的大气压力，kPa；

p_0——标准状态下的大气压力，101.325 kPa。

2. 空气中甲醛浓度的计算

用下式计算空气中甲醛的浓度：

$$C=\frac{(A-A_0-b)\times B_g}{V_0}$$

式中：C——空气中甲醛的浓度，mg/m^3；

A——样品溶液的吸光度；

A_0——空白实验的吸光度；

b——标准曲线的截距；

B_g——由标准曲线得到的计算因子，μg/吸光度单位；

V_0——换算成标准状态下的采样体积，L。

（九）注意事项

(1) 二氧化硫共存时，会使测定结果偏低。可将气样先通过硫酸锰滤纸过滤器，排除二氧化硫的干扰。采样时，将此管接在甲醛吸收管之前。该滤纸使用一段时间后，吸收二氧化硫的效能逐渐降低，应定期更换新制的硫酸滤纸。

(2) 在 20～35 ℃范围，显色 15 min 反应完全，且颜色可稳定数小时。室温低于 15 ℃时，显色不完全，应在 25 ℃水浴中进行显色操作。标准系列与样品的显色条件应保持一致。

(3) 空气中的甲醛很容易被水吸收，实验所用试液应注意密闭保存。当空白实验测定值过高时，应重新配制试液。

(4) 硫酸铁铵水溶液易水解而形成 $Fe(OH)_3$ 沉淀，影响比色，故用酸性溶剂配制。

四、办公场所总挥发性有机物的测定

总挥发性有机化合物(total volatile organic compound，TVOC)是在常温常压下自然挥发出来的各种有机化合物的总称。根据《室内空气质量标准》(GB/T 18883—2002)规定的测试条件，TVOC 是指利用 Tenax-GC 或 Tenax-TA 采样，非极性色谱柱进行分析，保留时间在正己烷和正十六烷之间的挥发性有机物的总称。

室内空气中的 TVOC 主要来源于各种油漆、涂料、胶黏剂、人造地板、壁纸、地毯等装饰装修材料。TVOC 具有强烈刺激性和高毒性，能引起机体免疫水平失调，影响中枢神经系统功能，出现头晕、头痛、嗜睡无力、胸闷等症状，还可能影响消化系统，出现食欲不振、恶心等，严重时甚至可损伤肝脏和造血系统，出现变态反应等。TVOC 中除醛类以外，常见的还有苯、甲苯、乙苯、二甲苯、三氯乙烯、三氯甲烷、萘、二异氰酸酯类等。室内 TVOC 的种类多，组成复杂，一般以 TVOC 表示室内受到挥发性有机物污染的综合结果。

码4-4 HJ 644—2013

TVOC 是室内环境质量监测的基本项目，《室内空气质量标准》(GB/T 18883—2002)推荐的 TVOC 测定方法是热解析-毛细管气相色谱法，该法适用于室内和工作场所空气中 TVOC 的检测。环境空气中 TVOC 测定的国家标准方法是吸附管采样-热脱附/气相色谱-质谱法(HJ 644—2013)。本实验介绍热解析-毛细管气相色谱法测定室内空气中的 TVOC。

(一) 实验目的

(1) 了解室内空气中总挥发性有机物的主要来源及其危害，明确其监测意义。

(2) 掌握室内总挥发性有机物样品的吸附管采样方法。

(3) 掌握热解析-毛细管气相色谱法测定总挥发性有机物的原理与操作。

(4) 学会气相色谱分析的定量方法——外标法。

（二）实验原理

用装有合适吸附剂（Tenax-TA 或 Tenax-GC）的吸附管采集一定体积的空气样品，空气流中的挥发性有机化合物保留在吸附管中。采样后，将吸附管加热，解吸挥发性有机化合物，待测样品随惰性载气进入毛细管气相色谱仪。经一定条件下的毛细管色谱柱分离后，用氢火焰离子化检测器或其他合适的检测器检测，以保留时间定性，峰高或峰面积定量。

（三）实验仪器

（1）气相色谱仪：配备氢火焰离子化检测器、质谱检测器或其他合适的检测器。色谱柱为非极性（极性指数小于 10）石英毛细管柱。

（2）恒流空气采样器：流量范围为 0～0.5 L/min，流量稳定可调。使用时用皂膜流量计校准采样系统在采样前和采样后的流量。流量误差应小于 5%。

（3）吸附管：外径 6.3 mm、内径 5 mm、长 90 mm（或 180 mm）、内壁抛光的不锈钢管，吸附管的采样入口一端有标记。吸附管可以装填一种或多种吸附剂，应使吸附层处于解吸仪的加热区。根据吸附剂的密度，吸附管中可装填 200～1000 mg 的吸附剂，管的两端用不锈钢网或玻璃纤维堵住。如果在一支吸附管中使用多种吸附剂，吸附剂应按吸附能力增加的顺序排列，并用玻璃纤维隔开，吸附能力最弱的装填在吸附管的采样入口端。

（4）热解吸仪：能对吸附管进行二次热解吸，并将解吸气体用惰性气体载带进入气相色谱仪。解吸温度、时间和载气流速是可调的。冷阱可将解吸样品进行浓缩。

（5）注射器：10 μL 液体注射器；10 μL 气体注射器；1 mL 气体注射器。

（6）水银温度计。

（7）测压计。

（8）液体外标法制备标准系列的注射装置：常规气相色谱进样口，可以在线使用，也可以独立装配，保留进样口载气连线，进样口下端可与吸附管相连。

（四）实验试剂

分析过程中使用的试剂应为色谱纯。如果为分析纯，须经纯化处理，保证色谱分析无杂峰。

（1）二硫化碳（CS_2）：分析纯，使用前纯化，经色谱检验无干扰杂质。

（2）总挥发性有机物（TVOC）混合标准溶液：准确称取一定量的色谱纯苯、甲苯、乙苯、对（间）二甲苯、邻二甲苯、甲醛、乙酸丁酯、苯乙烯、十一烷，以纯化的二硫化碳为稀释溶剂配制成各化合物浓度均为 0 mg/L、10 mg/L、50 mg/L、100 mg/L、200 mg/L、500 mg/L 的混合标准溶液，密封，于冰箱中 4℃保存。

（3）Tenax-TA 吸附剂：粒径为 0.18～0.25 mm（60～80 目）。吸附剂在装管前

应进行活化处理，由制造商装好的吸附管在使用前也需活化处理。

(4) 高纯氮(99.999%)。

(五) 分析步骤

1. 采样吸附管的活化

将吸附管安装在热解吸仪上，温度设置在300 ℃(活化温度应低于其最高使用温度，高于解吸温度)，以100 mL/min的流量通入惰性载气(N_2)，活化10 min，在氮气氛下(或清洁空气中)冷却至室温，取下吸附管，立即用防护帽(塑料帽)密封两端，置于干燥器中备用，此管可保存3 d。

2. 样品的采集与保存

在指定采样点，打开吸附管的防护帽，用尽量短的硅橡胶管将其与空气采样器入口连接，且采样管须垂直放置，开启空气采样器以0.5 L/min的流量抽取10 L空气。采样结束后，将吸附管取下，立即在管的两端套上塑料帽密封，然后装入可密封的金属或玻璃管中保存。

采集室内空气样品的同时，在室外上风向处按相同方法采集等量的现场空白样品，并记录采样时的温度和大气压。

3. 样品的解吸与浓缩

将吸附管安装在热解吸仪上，加热，使有机蒸气从吸附剂上解吸下来，并被载气流带入冷阱，进行预浓缩，载气流的方向与采样时的方向相反。然后再以低流速快速解吸，经传输管进入毛细管气相色谱仪。传输管的温度应足够高，以防止待测成分凝结。解吸条件见表4-4。

表4-4 样品解吸和浓缩条件

解吸温度	250～325 ℃
解吸时间	5～15 min
解吸气流量	30～50 mL/min
冷阱的制冷温度	+20～－180 ℃
冷阱的加热温度	250～350 ℃
冷阱中的吸附剂	如果使用，一般与吸附管中的吸附剂相同，40～100 mg
载气	氦气或高纯氮气
分流比	样品管和二级冷阱之间以及二级冷阱和分析柱之间的分流比应根据空气中总挥发性有机物的浓度来选择

4. 色谱分析条件

可选择膜厚度为1～5 μm、50 m×0.22 mm的石英柱，固定相可以是二甲基聚硅氧烷或 7%氰丙基、7%苯基、86%甲基聚硅氧烷。

柱操作条件为程序升温：初始温度 50 ℃，保持 10 min，然后以 5 ℃/min 的速率升温至 250 ℃，进样口温度为 250 ℃，检测器温度为 250 ℃，解吸室温度为 300 ℃。分流比为 1∶(1～10)。

5. 标准曲线的绘制

分别取 1 μL 含量为 0 mg/L、10 mg/L、50 mg/L、100 mg/L、200 mg/L、500 mg/L 的混合标准溶液注入 6 个经过活化处理的吸附管，同时用 100 mL/min 的惰性气体通过吸附管，5 min 后取下吸附管，密封，得到混合标准吸附管系列。

将制得的混合标准吸附管系列分别安装在带有六通阀的 TVOC 热解吸进样装置上（载气流的方向与吸附时的方向相反），待热解吸炉温度达到要求时，将吸附管放入热解吸炉进行加热。启动色谱工作站，同时旋转六通阀进样，热解吸气随着载气直接进入毛细管柱系统进行分离分析。记录峰面积，以各标准物质的质量(μg)为横坐标，以扣除空白后的色谱峰面积为纵坐标，绘制各个组分的标准曲线，并用最小二乘法求得标准曲线的回归方程，以标准曲线斜率的倒数作为样品测定的计算因子。

6. 样品分析

按绘制标准曲线的操作步骤（即相同的解吸和浓缩条件及色谱分析条件），分析每支样品吸附管及室外空白采样管，用保留时间定性，峰面积定量。

计算各组分扣除空白后的色谱峰面积，对照各组分的标准曲线，求得空气样品中各组分的质量。

(六) 结果计算

1. 采样体积的换算

将现场采样体积换算为标准状态下（0 ℃，101.325 kPa）的体积：

$$V_0=\frac{T_0}{273+t}\times\frac{p}{p_0}\times V_t$$

式中：V_0——标准状态下的采样体积，L；

V_t——采样体积，为采样流量(L/min)与采样时间(min)的乘积；

t——采样点的温度，℃；

T_0——标准状态下的绝对温度，273 K；

p——采样点的大气压力，kPa；

p_0——标准状态下的大气压力，101.325 kPa。

2. TVOC 含量的计算

(1) 计算 TVOC 时，应对保留时间在正己烷和正十六烷之间的所有化合物进行分析。对于已鉴定的 VOCs 最高峰，分别用各自的标准曲线进行定量；其他未鉴定的 VOCs 用甲苯的响应系数计算；各项之和作为 VOCs 的结果。

$$C_{mi}=\frac{m_i-m_0}{V_0}$$

式中：C_{mi}——所采空气样品中 i 组分在标准状态下的含量，mg/m^3；

m_i——被测样品中 i 组分的质量，μg；

m_0——空白样品中 i 组分的质量，μg；

V_0——标准状态下的空气采样体积，L。

(2) 按下式计算所采空气样品中总挥发性有机物(TVOC)的含量：

$$\mathrm{TVOC}=\sum_{i=1}^{n}C_{mi}$$

式中：TVOC——空气样品中总挥发性有机化合物在标准状态下的含量，mg/m^3；

C_{mi}——所采空气样品中 i 组分在标准状态下的含量，mg/m^3。

(七) 注意事项

(1) 采样前应活化采样管和吸附剂，使干扰减到最小。

(2) Tenax-TA 吸附管是一种多孔高分子聚合物(聚2,6-二苯基对苯醚)，对各类低浓度的有机化合物的吸附能力较强，热解吸效率也较高，且可以重新进行活化后多次使用，常被用作 TVOC 测定的吸附剂。

(3) GB/T 18883—2002 推荐使用有冷阱的热解吸仪。吸附管中的样品不直接解吸到色谱进样系统而是解吸到针筒或气袋中的产品不宜使用。

(4) 因为毛细柱的柱容量比较小，采用毛细柱分离，需要采用分流进样，分流比应根据空气中 TVOC 的浓度来选择。当浓度较高时，可选择较大的分流比。

五、办公场所空气质量监测实验报告的编写

实验报告包括以下五个方面的内容。

(一) 办公场所空气质量监测方案的制订

包括基础资料的收集与调查、监测项目与监测方法、采样点的布设、采样时间与频率、采样方法等内容。

(二) 办公场所甲醛的现场采样与分析

包括实验目的、实验原理、实验仪器与材料、样品的采集与保存、样品的测试、实验数据记录与结果计算等。

(三) 办公场所 TVOC 的现场采样与分析

包括实验目的、实验原理、实验仪器与材料、样品的采集与保存、样品的测试、实

验数据记录与结果计算等。

(四) 办公场所空气质量状况评价及污染来源分析

将甲醛监测结果与室内空气质量标准(GB/T 18883—2002)规定Ⅱ类民用建筑甲醛的标准值(0.10 mg/m^3)比较,判断室内甲醛污染状况,并分析污染源。

室内空气质量标准(GB/T 18883—2002)规定 TVOC 的标准值(上限)为 0.60 mg/m^3;民用建筑工程室内环境污染控制规范(GB 50325—2010)规定室内环境污染物 TVOC 的标准值(上限)为Ⅰ类民用建筑工程 0.5 mg/m^3,Ⅱ类民用建筑工程 0.6 mg/m^3。将 TVOC 监测结果与相关标准比较,判断室内 TVOC 污染状况,并分析污染来源。

(五) 实验小结与思考

总结实验心得体会,完成以下思考题:

(1) 室内空气的主要污染物有哪些?常见的污染源有哪些?

(2) 简述溶液吸收法采样和吸附管吸附采样的原理与适用对象。

第五章　土壤环境质量监测实验

土壤是指陆地地表具有肥力并能生长植物的疏松表层，是植物生长的基地，是人类生存环境不可缺少的组成部分，土壤环境质量的优劣直接影响人类的生产、生活和发展。人类大量施用农药、过度使用化肥以及进行污水灌溉，导致大量的污染物通过多种途径进入土壤，当进入土壤的污染物浓度超过土壤自净能力时，将导致土壤环境质量下降，直接影响土壤的生产能力。

本章以武汉市城郊某蔬菜种植地土壤环境质量监测为例，详细介绍土壤环境质量监测方案的制订、土壤样品的采集与制备、样品的预处理、典型土壤监测项目的监测方法、分析测试、数据处理与结果评价，以及土壤环境质量监测报告的编写。

一、实验目的

通过对某蔬菜种植地土壤环境质量的监测，学习土壤环境质量监测方案的制订，熟悉土壤监测采样布点方法、土壤样品的采集与制备方法，掌握土壤样品的消解与提取等预处理技术，掌握土壤中铜、锌、汞、砷、六六六、滴滴涕、pH值和水分含量等典型指标的分析测试技术、监测数据处理与结果评价、土壤监测报告的编写等。

二、农田环境质量监测方案的制订

(一) 资料收集及现场调查

该农田面积约为1500 m^2，地形平坦，土壤发育良好，附近无工业污染源，土壤污染分布较均匀，土壤质地为黏土。

该农田为种植蔬菜的农业用地，主要种植当季蔬菜、红薯、白地瓜等农作物，农家肥和化肥混合、交叉使用，主要受到农业化学物质的污染；该蔬菜地长期采用周边的湖水进行灌溉，该湖水水质达到《地表水环境质量标准》(GB 3838—2002)规定的Ⅲ类水体水质，能满足农业灌溉用水要求。

(二) 监测点位的布设

1. 采样单元的划分

在进行区域土壤环境质量监测时，往往涉及的面积较大，加上区域内自然条件、社会条件、环境条件比较复杂，因此需要划分若干个采样单元，同一采样单元内的差别应尽可能地小。可按土壤接纳污染物途径，参考土壤类型、农作物种类、耕作制度等要素，划分为大气污染型、污水灌溉型、固体废物污染型、综合污染型等采样单元。

鉴于本书选择的蔬菜地面积较小，污染分布较均匀，因此无须划分采样单元。

2. 采样点的布设

根据土壤自然条件及污染情况的不同，常用的土壤采样布点方法如图 5-1 所示。

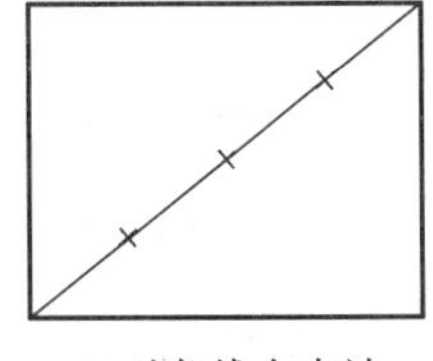

(a)对角线布点法

(b)梅花形布点法

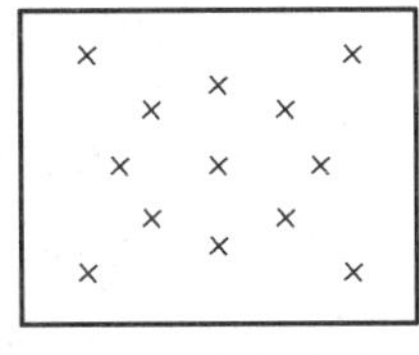

(c)棋盘式布点法

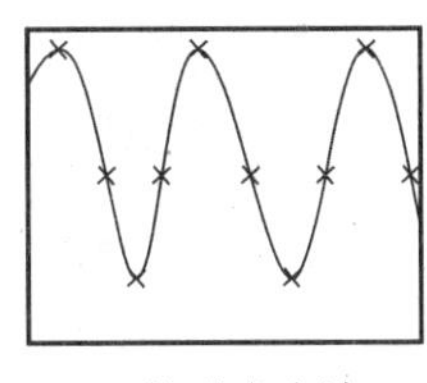

(d)蛇形布点法

图 5-1　土壤采样布点示意图

对角线布点法适用于面积小、地势平坦、受污水灌溉或污染的河水灌溉的田块。梅花形布点法适用于面积较小、地势平坦、土壤分布较均匀的田块，一般设 5～10 个采样点。棋盘式布点法适用于中等面积、地势平坦、地形完整开阔，但土壤分布较不均匀的田块，也适用于受固体废物污染的土壤，一般设 10～20 个采样点。蛇形布点法适用于面积较大、地势不很平坦、土壤不够均匀的田块，布点数目较多。

本书案例中的蔬菜地面积较小（约 1500 m^2）、地形平坦、污染分布较均匀，故可采用梅花形布点方法，布设 5 个采样点。

（三）采样时间及频率

根据监测的目的和污染的特点确定。为了解土壤污染的一般状况，可随时采样测定；为调查土壤对植物生长的影响，应在不同生长阶段同时采集土样和植物进行分析。

一般土壤样品在农作物收获后与农作物同步采集，必测污染项目一年一次。污染事故监测时，应在收到事故报告后立即采样；科研性监测时，可视研究目的而定；教学监测时，可根据教学实验进度安排随时采样。

（四）监测项目的确定

码 5-1　GB 15618—2018

根据《土壤环境质量 农用地土壤污染风险管控标准（试行）》（GB 15618—2018），我国目前列入农用地土壤污染风险筛选值的基本项目为必测项目，包括 Cd、Pb、Hg、As、Cu、Zn、Cr、Ni 等 8 个指标。列入农用地土壤污染风险筛选值的其他项目为选测项目,包括六六六、滴滴涕和苯并[a]芘等3个指标。

码 5-2 HJ/T 166—2004

码 5-3 NY/T 395—2012

对土壤污染风险筛选值的基本项目进行评价时,重金属的污染风险筛选值与土壤的pH值有关,因此pH值也是土壤监测必测指标之一。为了将风干土样的测定结果换算为烘干土样基准,还需要测定土壤的水分含量。

本实验选择土壤中pH值、水分含量、铜、锌、汞、砷、六六六、滴滴涕等代表性指标进行监测。

(五) 监测方法的选择

土壤监测方法选用《土壤环境监测技术规范》(HJ/T 166—2004)、《农田土壤环境质量监测技术规范》(NY/T 395—2012)中推荐的标准方法。土壤常见项目的监测方法列于表5-1。

表 5-1 土壤常见项目的监测方法

监测项目	监测方法	方法来源
铅、镉	KI-MIBK萃取火焰原子吸收分光光度法	GB/T 17140—1997
	石墨炉原子吸收分光光度法	GB/T 17141—1997
汞	冷原子吸收分光光度法	GB/T 17136—1997
	原子荧光法	GB/T 22105.1—2008
	微波消解-原子荧光法	HJ 680—2013
砷	二乙基二硫代氨基甲酸银分光光度法	GB/T 17134—1997
	硼氢化钾-硝酸银分光光度法	GB/T 17135—1997
	原子荧光法	GB/T 22105.2—2008
铜、锌	火焰原子吸收分光光度法	GB/T 17138—1997
铬	火焰原子吸收分光光度法	HJ 491—2009
镍	火焰原子吸收分光光度法	GB/T 17139—1997
六六六和滴滴涕	气相色谱法	GB/T 14550—2003
	气相色谱-质谱法	HJ 835—2017
苯并[a]芘	高效液相色谱法	HJ 784—2016
	气相色谱-质谱法	HJ 805—2016

(六) 质量保证措施

1. 采样、制样质量控制

根据监测目的和研究区域土壤污染分布情况,合理布设采样点和样品数量。根据规定的要求采集土壤样品并重视样品流转程序的规范,样品制备与样品保存过程不影响样品的代表性。

2. 精密度控制

每批样品每个项目分析时均须做20%平行样品;当有5个以下样品时,平行样不少于1个。由分析者自行编入的明码平行样,或由质控员在采样现场或实验室编入的密码平行样,平行双样测定结果的误差在允许误差范围之内者为合格。

3. 土壤标准样品对照分析

使用土壤标准样品时,选择合适的标样,使标样的背景结构、组分、含量水平尽可能与待测样品一致或近似。如果与标样在化学性质和基本组成差异很大,由于基体干扰,用土壤标样作为标定或校正仪器的标准,有可能产生一定的系统误差。

三、土壤样品的采集

(一) 采样器材准备

1. 采样工具及相关器材

铁铲、铁镐、土铲、土钻、土刀、木片及竹片、托盘、GPS定位仪、高度计、卷尺、标尺、铝盒、样品袋、照相机、样品标签、采样记录表等。

2. 个人安全防护用品

工作服、防滑鞋、口罩、安全帽等。

(二) 土壤样品的类型、采样深度

1. 混合样品

一般了解土壤污染状况,对种植一般农作物的耕地,采集0～20 cm的表层(或耕作层)土壤;对种植果林类农作物的耕地,采集0～60 cm耕作层土壤。对多点采样的土壤样品,可将每个采样点采集的土样混合制备成混合样品,按四分法反复弃取,留下实验室分析所需的1～2 kg土样。

2. 剖面样品

对特殊要求的监测(土壤背景、环评、污染事故等),必要时选择部分采样点采集剖面样品。剖面的规格一般为长1.5 m,宽1.0 m,深1.2 m。一般每个剖面采集A、B、C三层土样。地下水位较高时,剖面挖至地下水出露时为止;山地丘陵土层较薄

时，剖面挖至风化层。对B层发育不完整的山地土壤，只采A、C两层；干旱地区剖面发育不完善的土壤，在表层5～20 cm、心土层50 cm、底土层100 cm左右采样。每层取混合土样1 kg，装入样品袋。土壤剖面示意图如图5-2所示。

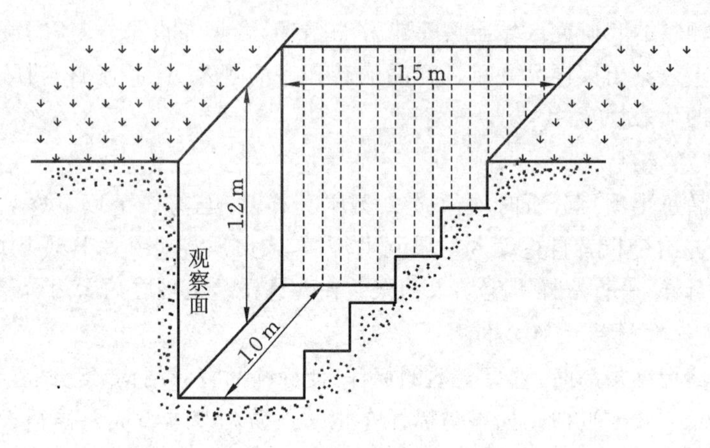

图5-2　土壤剖面土层示意图

本实验目的是了解农田土壤环境质量一般状况，可随时前往现场采样。在每个采样点处采0～20 cm耕作层土壤1 kg，将各采样点的土样混匀后用四分法取1 kg土样装入样品袋，多余部分弃去。按照表5-2做好采样记录。

表5-2　土壤现场记录表

采用地点			东经		北纬	
样品编号			采样日期			
样品类别			采样人员			
采样层次			采样深度/cm			
样品描述	土壤颜色		植物根系			
	土壤质地		沙砾含量			
	土壤湿度		其他异物			

注：土壤颜色可采用门塞尔比色卡比色，也可按土壤颜色三角表进行描述。颜色描述可采用双名法，主色在后，副色在前，如黄棕、灰棕等。颜色深浅还可以冠以暗、淡等形容词，如浅棕、暗灰等。

四、土壤样品的制备与保存

（一）土壤样品的制备

测定铜、锌、六六六和滴滴涕均需要用风干样品。土壤样品的制备程序包括风干、磨碎、过筛、混合、缩分、分装，制成满足分析要求的土壤样品，如图 5-3 所示。

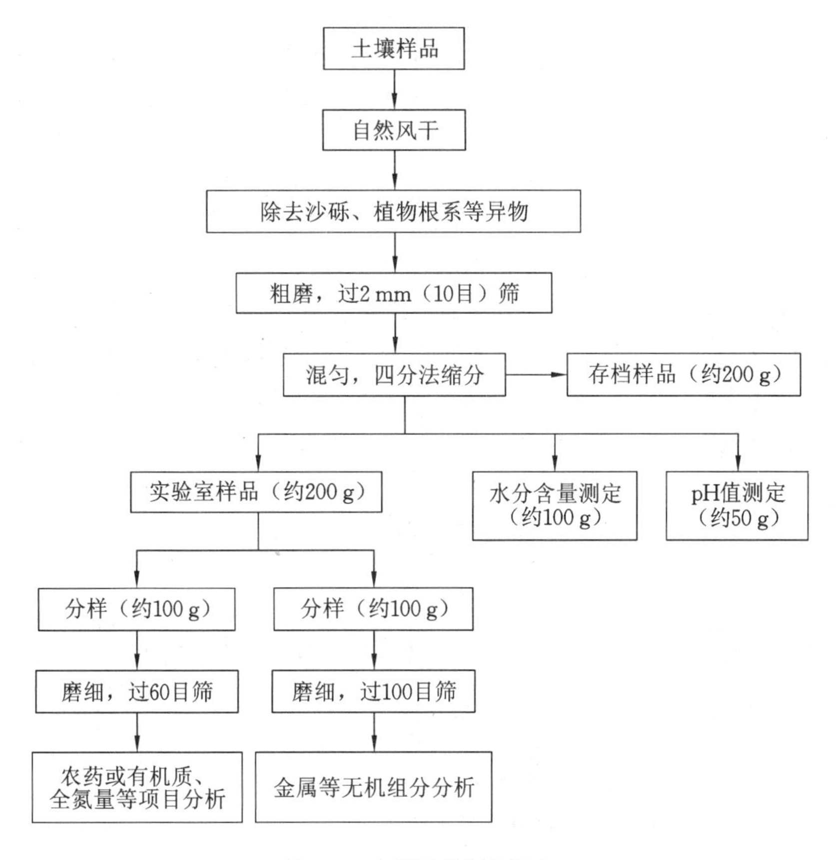

图 5-3　土壤样品制备程序

1. 土样的风干

风干应在阴凉通风处进行，切忌阳光直接曝晒，防止尘埃落入。

2. 研磨、过筛与缩分

(1) 碾碎（粗磨）和初过筛：可放在木板上，用木棒或有机玻璃棒碾碎后，除去筛上的沙石和植物残体，完全通过 2 mm(10 目)筛。

(2) 缩分：对已过 10 目筛的样品反复按四分法缩分，留下足够分析用的数量（约 600 g），分成 3 份。一份存档（约 200 g），一份进行土壤水分含量和 pH 值测定，还有一份再分成 2 小份（每小份约 100 g），继续碾磨、过筛待用。

(3) 磨细和再过筛：用玛瑙研钵分别磨细 2 份土样。一份研磨到全部通过 60 目(0.25 mm)筛，用于农药或土壤有机质、土壤全氮量等项目分析；另一份研磨到全部通过 100 目(0.15 mm)筛，用于土壤金属元素分析。

(二) 样品的保存

将过筛混匀、缩分后的土样贮存于洁净的玻璃或聚乙烯容器中，贴标签、密封，于常温、避光、阴凉、干燥条件下保存。一般土壤样品需保存半年至一年，以备必要时查核之用。

五、土壤水分含量的测定

码 5-4 HJ 613—2011

土壤水分是土壤生物生长必需的物质，非污染组分。土壤监测结果规定用 mg/kg(烘干土)表示。为了将各种成分的测定结果换算成以烘干土样为基准时的测定结果，无论是用风干土样还是新鲜土样测定污染组分时，均必须对土壤样品进行含水量测定。土壤水分测定的国家标准方法是重量法(HJ 613—2011)。

(一) 实验原理

土壤样品在(105±2)℃烘至恒重时的失重，即为土壤样品所含水分的质量。

(二) 实验仪器与设备

(1) 标准套筛：含孔径 2 mm 筛。

(2) 铝盒或具盖容器：防水材质且不吸收水分。小型的直径约 40 mm，高约 20 mm；大型的直径约 60 mm，高约 30 mm。

(3) 分析天平：感量为 0.001 g 或 0.01 g。

(4) 恒温烘箱：(105±5)℃。

(5) 干燥器：装有无水变色硅胶。

(三) 分析步骤

1. 测定水分样品的制备

(1) 风干土样：选取有代表性的风干土壤样品，压碎，过 2 mm 筛，混合均匀后备用。

(2) 新鲜土样：在指定采样点用土钻取新鲜土样约 20 g，去除石块、树枝等杂物，捏碎后迅速装入已恒重的大型铝盒内，盖紧，带回实验室，立即称重，尽早测定水分。

2. 水分的测定

(1) 风干土样水分的测定：取小型铝盒和盖子在(105±5)℃恒温烘箱中烘干 1 h，稍冷，盖好盖子，然后置于干燥器内至少冷却 45 min，测定带盖铝盒的总质量 m_0，精确至 0.01 g。用角勺将已过 2 mm 筛的风干土样拌匀，舀取 10～15 g，均匀地平铺在已称重的铝盒中，盖好盖子，测定总质量 m_1，精确至 0.01 g。将铝盒盖揭开，将盒盖和装有风干土样的铝盒置于(105±5)℃的恒温烘箱中烘干至恒重。取出，盖好盖子，置于干燥器内至少冷却 45 min，从干燥器内取出后立即称量总质量 m_2，精确至 0.01 g。

风干土样水分的测定应做 2 份平行样测定。

(2) 新鲜土样水分的测定：取大型铝盒和盖子在(105±5)℃恒温烘箱中烘干 1 h，稍冷，盖好盖子，然后置于干燥器内至少冷却 45 min，测定带盖铝盒的总质量 m_0，精确至 0.01 g。用角勺舀取新鲜土样 30～40 g，均匀地平铺在已称重的铝盒中，盖好盖子，测定总质量 m_1，精确至 0.01 g。将铝盒盖揭开，将盒盖和装有风干土样的铝盒置于(105±5)℃的恒温烘箱中烘干至恒重。取出，盖好盖子，置于干燥器内至少冷却 45 min，从干燥器内取出后立即称量总质量 m_2，精确至 0.01 g。

新鲜土样水分的测定应做 3 份平行样测定。

(四) 结果计算

按下式计算水分质量占烘干土样质量的百分数：

$$\text{水分质量分数(干基)}=\frac{m_1-m_2}{m_2-m_0}\times 100\%$$

式中：m_0——烘干空铝盒的质量，g；

m_1——烘干前铝盒及土样的质量，g；

m_2——烘干后铝盒及土样的质量，g。

六、土壤 pH 值的测定

土壤的 pH 值是土壤重要的理化参数，对土壤微量元素的有效性和肥力有重要影响。土壤 pH 值过高或过低，均将影响植物的正常生长；土壤酸性增强，会使许多金属化合物的溶解度增大，其有效性和毒性也增大；评价土壤重金属污染状况时要参考土壤的 pH 值。土壤 pH 值的测定采用电位法(HJ 962—2018)。

码 5-5　HJ 962—2018

(一) 方法要点

用于浸提的水或盐溶液(酸性土壤采用 1.0 mol/L 氯化钾溶液，中性和碱性土壤采用 0.01 mol/L 氯化钙溶液)与土之比为 2.5∶1，盐土用 5∶1，枯枝落叶层及泥炭层用 10∶1。加水或盐溶液后经充分搅匀，平衡 30 min，然后将 pH 电极插入浸出液中，用 pH 计测定。

(二) 实验仪器与试剂

参见第二章中“造纸废水 pH 值的测定”。

(三) 分析步骤

1. 土壤浸出液的制备

称取通过 2 mm 筛孔的风干土样 10 g 于 50 mL 高型烧杯中,加入 25 mL 无二氧化碳的水或 1.0 mol/L 氯化钾溶液(酸性土壤测定用)或 0.01 mol/L 氯化钙溶液(中性、石灰性或碱性土壤测定用)。用玻璃棒剧烈搅动 1～2 min,静置 30 min,此时应避免空气中氨或挥发性酸等的影响。得到土壤浸出液,待测。

2. 仪器校准

按仪器使用说明书的操作程序进行仪器校准。用与土壤浸提液 pH 值接近的缓冲液校正仪器,使标准缓冲液的 pH 值与仪器标度上的 pH 值相一致。

3. 样品的测定

把电极插入土壤浸出液中,小心摇动或进行搅拌使其均匀,静置,待读数稳定时记下 pH 值。每份样品测完后,立即用水冲洗电极,并用干滤纸将水吸干。平行测定 2 份。

(四) 结果表示

一般的 pH 计可直接读出 pH 值,不需要换算。

2 次称样平行测定结果允许差为 0.1pH 单位。

七、土壤铜和锌的测定

码5-6 GB/T 17138—1997

铜和锌是动植物和人体必需的微量元素,可在土壤中积累,当其浓度超过最高允许浓度时,将会导致土壤污染风险,危害作物,影响人体健康。常用火焰原子吸收分光光度法(GB/T 17138—1997)测定土壤中的铜和锌。

(一) 实验原理

采用 HCl-HNO_3-HF-$HClO_4$ 全分解的方法,彻底破坏土壤矿物晶格,使试样中待测的铜和锌元素全部进入试液中。然后将土壤消解液喷入空气-乙炔火焰中,铜和锌化合物在火焰原子化系统中离解为基态原子,该基态原子蒸气对相应的空心阴极灯发射的特征谱线产生选择性吸收,选择合适的测量条件测定铜、锌的吸光度,吸光度与浓度成正比。

(二) 实验试剂

(1) 浓盐酸(HCl,优级纯,ρ=1.19 g/mL)。

(2) 浓硝酸(HNO_3,优级纯,ρ=1.42 g/mL)。

(3) 氢氟酸(HF,优级纯,ρ=1.49 g/mL)。

(4) 高氯酸($HClO_4$,优级纯,ρ=1.48 g/mL)。

(5) 2%硝酸溶液和0.2%硝酸溶液。

(6) 5%硝酸镧溶液。

(7) 1.000 mg/mL 铜标准贮备液:购自国家标准物质中心。

(8) 1.000 mg/mL 锌标准贮备液:购自国家标准物质中心。

(9) 铜和锌的混合标液:铜 20 mg/L,锌 10 mg/L。用0.2%硝酸溶液逐级稀释1.0 mg/mL 的铜和锌标准贮备液配制而得。

(三) 实验仪器及测量条件

(1) 铜空心阴极灯。

(2) 锌空心阴极灯。

(3) 原子吸收分光光度计。

(4) 乙炔钢瓶。

(5) 空气压缩机。

(6) 聚四氟乙烯坩埚。

(7) 电热板。

(8) 仪器测量条件:不同型号原子吸收分光光度计的最佳测试条件有所不同,可根据仪器使用说明书自行选择测量条件。GB/T 17138—1997 推荐的铜和锌仪器测量条件列于表5-3。

表5-3　铜和锌的仪器测量条件

元素	测定波长/nm	通带宽度/nm	灯电流/mA	火焰性质	其他可测定波长/nm
铜	324.8	1.3	7.5	氧化性	327.4,225.5
锌	213.8	1.3	7.5	氧化性	307.6

(四) 分析步骤

1. 土壤样品的消解

采用HCl-HNO_3-HF-$HClO_4$混合酸消解。准确称取已过100目尼龙筛的风干土样0.2～0.5 g(准确至0.0002 g)于50 mL聚四氟乙烯坩埚中,用水润湿后加入10 mL

浓盐酸，于通风橱内的电热板上低温加热，使样品初步分解，待蒸发至约剩 3 mL 时，取下稍冷，然后加入 5 mL 浓硝酸、5 mL 氢氟酸、3 mL 高氯酸，加盖后于电热板上中温加热。1 h 后，开盖，继续加热除硅。为了达到良好的除硅效果，应经常摇动坩埚。当加热至冒浓厚白烟时，加盖，使黑色有机物分解。待坩埚上的黑色有机物消失后，开盖驱赶高氯酸白烟至内容物呈黏稠状。

根据消解情况，消解过程可适当补加浓硝酸、氢氟酸和高氯酸。重复上述消解过程，直至样品完全溶解，得到清亮溶液。当白烟基本冒尽且坩埚内容物呈黏稠状时，取下稍冷，用水冲洗坩埚盖和内壁，并加入 1 mL 2%硝酸溶液温热溶解残渣。然后将溶液转移至 50 mL 容量瓶中，加入 5 mL 5%硝酸镧溶液，冷却后用 0.2%硝酸溶液定容，备测。

由于土壤种类较多，所含有机质差异较大，在消解时，要注意观察，各种酸的用量可视消解情况酌情增减。土壤消解液应为白色或淡黄色液体，没有明显沉淀物存在。消解时电热板温度不宜过高，否则会使聚四氟乙烯坩埚变形。

2. 空白实验

用去离子水代替试液，采用和土壤样品消解相同的步骤和试剂，制备全程序空白溶液。每批样品制备 2 个以上的全程序空白溶液。

3. 标准曲线的绘制

在 6 个 50 mL 容量瓶中，各加入 5 mL 5%硝酸镧溶液，用 0.2%硝酸溶液稀释混合标准使用液，配制至少 5 个标准工作溶液，其浓度范围应包括试液中铜、锌的浓度。铜和锌的混合标准溶液浓度参考表 5-4。

表 5-4 铜和锌混合标准溶液浓度

序　号	1	2	3	4	5	6
混合标准使用液加入体积/mL	0	0.50	1.00	2.00	3.00	5.00
混合标准溶液中铜的浓度/(mg/L)	0	0.20	0.40	0.80	1.20	2.00
混合标准溶液中锌的浓度/(mg/L)	0	0.10	0.20	0.40	0.60	1.00

按仪器使用说明书，调节仪器至最佳工作条件，按由低到高的浓度分别测定铜和锌标准系列吸光度。用减去空白后的吸光度与相对的元素含量(mg/L)绘制标准曲线。

4. 样品测定及结果计算

按照测定标准溶液相同的仪器工作条件，测定样品溶液和全程序空白溶液的吸光度。

土壤中铜和铅的含量 W(Cu、Zn，mg/kg，烘干基)按照下式计算：

$$W=\frac{C\times V}{m(1-f)}$$

式中：C——样品溶液的吸光度减去空白实验的吸光度，然后在标准曲线上查得铜、锌的含量，mg/L；

V——样品消解后的定容体积，mL；

m——称取风干土样的质量，g；

f——土壤样品的水分含量(质量分数)。

八、土壤总汞的测定

汞及其化合物属于剧毒物质。天然土壤中汞的含量很低，一般为 0.1～1.5 mg/kg。汞及其化合物一旦进入土壤，绝大部分被耕层土壤吸附固定。当土壤中汞积累量超过《土壤环境质量 农用地土壤污染风险管控标准》(GB 15618—2018)规定的农用地土壤污染风险筛选值时，生长在该土壤上的农作物中汞的含量存在超过食用标准的风险。

码 5-7　HJ 680—2013

土壤总汞测定的标准方法包括微波消解-原子荧光法(HJ 680—2013)、原子荧光法(GB/T 22105.1—2008)和冷原子吸收分光光度法(GB/T 17136—1997)。本实验介绍原子荧光法测定土壤总汞。

码 5-8　GB/T 22105.1—2008

(一) 实验原理

采用硝酸-盐酸混合试剂在沸水浴中加热消解土壤，再用硼氢化钾(KBH_4)或硼氢化钠($NaBH_4$)将样品中所含汞还原成原子态汞，由载气(氩气)导入原子化器中；在特制汞空心阴极灯照射下，基态汞原子被激发至高能态，在去活化回到基态时，发射出特征波长的荧光，其荧光强度与汞的含量成正比；与标准系列比较，求得样品中汞的含量。

(二) 实验试剂

本部分所使用的试剂除另有说明外，均为分析纯试剂，试剂用水为去离子水。

(1) 浓盐酸(HCl)：优级纯。

(2) 浓硝酸(HNO_3)：优级纯。

(3) 浓硫酸(H_2SO_4)：优级纯。

(4) 氢氧化钾(KOH)：优级纯。

(5) 硼氢化钾(KBH_4)：优级纯。

(6) 重铬酸钾($K_2Cr_2O_7$)：优级纯。

(7) 氯化汞($HgCl_2$)：优级纯。

(8) 硝酸-盐酸混合试剂(1＋1)：取1份浓硝酸与3份浓盐酸混合，然后用去离子水稀释一倍。

(9) 还原剂：称取0.2 g氢氧化钾放入烧杯中，用少量水溶解，称取0.01 g硼氢化钾放入氢氧化钾溶液中，用水稀释至100 mL中，此溶液临用现配。

(10) 载液(硝酸1＋19)：量取25 mL浓硝酸，缓缓倒入放有少量去离子水的500 mL容量瓶中，用去离子水定容至刻度，摇匀。

(11) 保存液：称取0.5 g重铬酸钾，用少量水溶解，加入50 mL浓硝酸，用水稀释至1000 mL，摇匀。

(12) 稀释液：称取0.2 g重铬酸钾，用少量水溶解，加入28 mL浓硫酸，用水稀释至1000 mL，摇匀。

(13) 汞标准贮备液：称取0.1354 g经干燥处理的氯化汞，用保存液溶解，转移至1000 mL容量瓶中，再用保存液稀释至刻度，摇匀。此标准溶液汞的浓度为100 μg/mL。

(14) 汞标准中间液：吸取10.00 mL汞标准贮备液注入1000 mL容量瓶中，用保存液稀释至刻度，摇匀。此标准溶液汞的浓度为1.00 μg/mL。

(15) 汞标准工作液：吸取2.00 mL汞标准中间液注入100 mL容量瓶中，用保存液稀释至刻度，摇匀。此标准溶液汞的浓度为20 ng/mL。

(三) 实验仪器及测量条件

(1) 原子荧光光度计。

(2) 汞空心阴极灯。

(3) 水浴锅。

(4) 具塞比色管(50 mL)。

(5) 仪器参考条件：不同型号原子荧光光度计的最佳测试条件有所不同，可根据仪器使用说明书自行选择测量条件。国标GB/T 22105.1—2008推荐的汞仪器测量条件列于表5-5。

表5-5　仪器参数及设定

仪器参数	设定值或选项	仪器参数	设定值或选项
负高压/V	280	加热温度/℃	200
A道灯电流/mA	35	载气流量/(mL/min)	300
B道灯电流/mA	0	屏蔽气流量/(mL/min)	900
观测高度/mm	8	测量方法	标准曲线
读数方式	峰面积	读数时间/s	10
延迟时间/s	1	测量重复次数	2

(四) 分析步骤

1. 土壤样品的消解

称取经风干、研磨并过 100 目筛的土壤样品 0.2～1.0 g(精确至 0.0002 g)于 50 mL 具塞比色管中,加少许水润湿样品,加入 10 mL 硝酸-盐酸混合试剂(1+1),加塞后摇匀,于沸水浴中消解 2 h,取出冷却,立即加入 10 mL 保存液,用稀释液稀释至刻度,摇匀后放置,取上清液待测。

2. 空白实验

用去离子水代替试样,采用和土壤样品消解相同的步骤和试剂,制备全程序空白溶液。每批样品制备 2 个以上的全程序空白溶液。

3. 标准曲线的绘制

分别准确吸取 0 mL、0.50 mL、1.00 mL、2.00 mL、3.00 mL、5.00 mL、10.00 mL 汞标准工作液,置于 7 个 50 mL 容量瓶中,加入 10 mL 保存液,用稀释液稀释至刻度,摇匀,即得汞含量分别为 0 ng/mL、0.20 ng/mL、0.40 ng/mL、0.80 ng/mL、1.20 ng/mL、2.00 ng/mL、4.00 ng/mL 的标准系列溶液。

将仪器调至最佳工作条件,在还原剂和载液的带动下,测定标准系列各点的荧光强度。以减去标准溶液空白后的荧光强度对浓度绘制标准曲线。

4. 样品测定及结果计算

按照测定标准溶液相同的仪器工作条件,测定样品溶液和全程序空白溶液的荧光强度。

土壤中总汞的含量 W(mg/kg,烘干基),按照下式计算:

$$W=\frac{(C-C_0)\times V}{m\times(1-f)\times 1000}$$

式中:C——从标准曲线上查得的样品溶液汞元素浓度,ng/mL;

C_0——从标准曲线查得的空白溶液测定的浓度,ng/mL;

V——样品消解后的定容体积, mL;

m——称取风干土样的质量,g;

f——土壤样品的水分含量(质量分数);

1000——将 ng 换算成 μg 的系数。

(五) 注意事项

(1) 操作中要注意检查全程序的试剂空白,如发现试剂或器皿沾污,应重新处理。

(2) 硝酸-盐酸体系不仅由于其氧化能力强使样品中大量有机物得以分解,同时也能提取各种无机态的汞。而盐酸存在的条件下,大量的 Cl^- 与 Hg^{2+} 作用形成稳定的$[HgCl_4]^{2-}$配离子,可抑制汞的吸附和挥发。应避免用沸腾的硝酸-盐酸混合试剂处理样品,以防止汞以氯化物的形式挥发而损失。

(3) 样品消解完毕，通常要加保存液并以稀释液定容，以防止汞的损失，样品试液宜尽早测定，一般情况下只允许保存 2～3 d。

九、土壤总砷的测定

砷为一类致癌物，容易在人体内积累。土壤砷污染不仅对农作物生长产生抑制作用，还会导致农作物中砷含量增加，从而危害人和动物健康。

码 5-9 GB/T 17134—1997

土壤总砷的测定标准方法有原子荧光法(GB/T 22105.2—2008)、硼氢化钾-硝酸银分光光度法(GB/T 17135—1997)和二乙基二硫代氨基甲酸银光度法(GB/T 17134—1997)，本实验介绍二乙基二硫代氨基甲酸银光度法测定土壤中的砷。

(一) 实验原理

用 H_2SO_4-HNO_3-$HClO_4$ 氧化体系消解样品，将土壤中各种形态的砷转化为五价可溶态的砷。锌与酸作用，产生新生态氢。在碘化钾和氯化亚锡存在下，使五价砷还原为三价砷，三价砷被新生态氢还原成气态砷化氢(胂)。用二乙基二硫代氨基甲酸银-三乙醇胺的三氯甲烷溶液吸收砷化氢，生成红色胶体银，在 510 nm 波长处，测定吸收液的吸光度。

(二) 实验试剂

(1) 浓硫酸(H_2SO_4)：优级纯。

(2) 浓硝酸(HNO_3)：优级纯。

(3) 高氯酸($HClO_4$)：优级纯。

(4) 碘化钾(KI)溶液：将 15 g 碘化钾(KI)溶于蒸馏水并稀释至 100 mL。

(5) 氯化亚锡溶液：将 40 g 氯化亚锡($SnCl_2 \cdot 2H_2O$)置于烧杯中，加入 40 mL 浓盐酸，微微加热。待完全溶解后，冷却，再用蒸馏水稀释至 100 mL。

(6) 硫酸铜溶液：将 15 g 五水硫酸铜($CuSO_4 \cdot 5H_2O$)溶于蒸馏水中并稀释至 100 mL。

(7) 乙酸铅棉：将 10 g 脱脂棉浸于 100 mL 10%(质量分数)乙酸铅溶液中。0.5 h 后取出，拧去多余水分，在室温下自然晾干，装瓶备用。

(8) 无砷锌粒。

(9) 吸收液：将 0.25 g 二乙基二硫代氨基甲酸银用少量三氯甲烷溶成糊状，加入 2 mL 三乙醇胺，再用三氯甲烷稀释到 100 mL。用力振荡使其尽量溶解，静置于暗处 24 h 后，倾出上清液或用定性滤纸过滤，贮于棕色玻璃瓶中。保存在 2～5 ℃冰箱中。

(10) 砷标准贮备液：称取 0.1320 g 三氧化二砷(于 110 ℃烘 2 h)，置于 50 mL 烧杯中，加 2 mL 20%(质量分数)氢氧化钠溶液，搅拌溶解后，再加 10 mL 1 mol/L 硫酸溶液，转入 100 mL 容量瓶中，用水稀释至标线，混匀。此溶液含砷 1.00 mg/mL。

(11) 砷标准中间液(100 mg/L)：取 10.00 mL 砷标准贮备液于 100 mL 容量瓶中，用蒸馏水稀释至标线，摇匀。

(12) 砷标准使用液(1.00 mg/L)：取 1.00 mL 砷标准中间液于 100 mL 容量瓶中，用蒸馏水稀释至标线，摇匀。临用时配制。

(13) 三氯甲烷($CHCl_3$)。

(三) 实验仪器

(1) 可见光分光光度计(配 1 cm 比色皿)。

(2) 砷化氢发生与吸收装置。

(3) 高颈烧杯(250 mL)。

(4) 电热板。

(四) 分析步骤

1. 样品的预处理

称取过 100 目筛的风干土样 0.5～2 g(可根据样品含砷量而定，准确至 0.1 mg)，置于 250 mL 高颈烧杯中，分别加 7 mL 浓硫酸、10 mL 浓硝酸和 2 mL 高氯酸，置电热板上加热分解(若试液颜色变深，应及时补加硝酸)，蒸至冒白色高氯酸浓烟。取下放冷，用水冲洗瓶壁，再加热至冒浓白烟，以驱尽硝酸。取下锥形瓶，瓶底仅剩下少量白色残渣(若有黑色颗粒物，应补加浓硝酸继续分解)，加蒸馏水至约 50 mL。

同时做全程序空白实验。以实验用水代替土样样品，按上述过程完成全程序空白实验。

2. 样品的测定

(1) 砷化氢为剧毒气体，在实验开始前，应对砷化氢发生与吸收装置进行气密性检查，确保连接管路完好，以防漏气。正式实验可在通风橱内进行。

(2) 于盛有试液的砷化氢发生器中，加 4 mL 碘化钾溶液，摇匀，再加 2 mL 氯化亚锡溶液，混匀，放置 15 min。

(3) 取 5.00 mL 吸收液至吸收管中，插入导气管。

(4) 加 1 mL 硫酸铜溶液和 4 g 无砷锌粒于砷化氢发生器中，并立即将导气管和砷化氢发生瓶连接，保证反应器气密性。

(5) 在室温下，维持反应 1 h，使砷化氢完全释出。加三氯甲烷将吸收液体积补充至 5.0 mL。

(6) 用 1 cm 比色皿，以吸收液为参比液，在 510 nm 波长处测量样品溶液和空白溶液的吸光度。

(7) 将样品溶液的吸光度减去空白实验所测得的吸光度，从工作曲线上查出试样中的砷含量。

3. 工作曲线的绘制

分别加入 0 mL、1.00 mL、2.50 mL、5.00 mL、10.00 mL、15.00 mL、20.00 mL 及 25.00 mL 砷标准使用液于 8 个砷化氢发生瓶中，并用蒸馏水稀释至 50 mL。加入 7 mL 硫酸溶液(1+1)，按样品溶液测定步骤测量吸光度。

以测得的吸光度为纵坐标，对应的砷含量(μg)为横坐标，绘制工作曲线。

(五) 结果计算

土样中总砷的含量 W(As, mg/kg, 烘干基)，按照下式计算：

$$W=\frac{m'}{m\times(1-f)}$$

式中：m'——测得样品溶液中砷质量，μg；

m——称取风干土样的质量，g；

f——土壤样品的水分含量(质量分数)。

(六) 注意事项

(1) 三氧化二砷为剧毒药品(俗称砒霜)，用时小心。

(2) U 形管中乙酸铅棉的填充必须松紧适当、均匀一致。

(3) 反应时，若反应管中有泡沫产生，加入适量乙醇即可消除。

十、土壤六六六和滴滴涕的测定

六六六是六氯化苯的俗名，过去主要用于防治蝗虫、稻螟虫、小麦吸浆虫和蚊、蝇、臭虫等。由于对人、畜都有一定毒性，已经停止生产或禁止使用。滴滴涕又名 DDT，化学名为 1,1,1-三氯-2,2-双(对氯苯基)乙烷，对害虫有极强的触杀和胃毒作用，跟六六六一样，因为对人畜有毒和对环境有害而被禁用。我国从 1993 年起全面停止使用 DDT 和滴滴涕。2014 年，环境保护部和国土资源部发布了《中国土壤污染状况调查公报》，六六六、滴滴涕、多环芳烃三类有机污染物点位超标率分别为 0.5%、1.9%、1.4%。禁用 20 年后，这些高毒农药及其代谢产物在环境中仍然有残留，不仅污染环境，还能通过食物链的富集作用，危害动植物及人体健康。因此，六六六和滴滴涕是土壤环境质量监测中的常测指标。

码 5-10 GB/T 14550—2003

土壤中六六六和滴滴涕的测定采用气相色谱法(GB/T 14550—2003)。

（一）实验目的

（1）学习土壤中六六六和滴滴涕的溶剂提取方法。

（2）掌握气相色谱法测定六六六和滴滴涕的保留时间定性与外标法定量技术。

（二）实验原理

采用有机溶剂提取土壤样品中的六六六和滴滴涕，经液-液分配及浓硫酸净化或柱层析净化除去干扰物质，用电子捕获检测器（ECD）检测，根据色谱峰的保留时间定性，外标法定量。

（三）主要试剂

（1）载气：氮气（N_2），纯度≥99.99％。

（2）异辛烷（C_8H_{18}）。

（3）正己烷（C_6H_{14}）：沸程 67～69℃，重蒸。

（4）石油醚：沸程 60～90 ℃，重蒸。

（5）丙酮（CH_3COCH_3）：重蒸。

（6）苯（C_6H_6）：优级纯。

（7）农药标准品：α-BHC、β-BHC、γ-BHC、δ-BHC、p，p′-DDE、o，p′-DDT、p，p′-DDD、p，p′-DDT 等 8 种有机氯农药标准品，纯度为 98.0％～99.0％。

（8）农药标准贮备液：准确称取每种农药标准品 100 mg（准确到±0.0001 g），溶于异辛烷或正己烷（β-BHC 先用少量苯溶解），在 100 mL 容量瓶中定容至刻度，在冰箱中贮存。

（9）农药标准中间液：用移液管分别量取 8 种农药标准贮备液，移至 100 mL 容量瓶中，用异辛烷或正己烷稀释至刻度，α-BHC、β-BHC、γ-BHC、δ-BHC、p，p′-DDE、o，p′-DDT、p，p′-DDD 和 p，p′-DDT 8 种贮备液的体积比为 1∶1∶3.5∶1∶3.5∶5∶3∶8（适用于填充柱）。

（10）农药标准工作液：根据检测器的灵敏度及线性要求，用石油醚或正己烷稀释标准中间液，配制成几种浓度的标准工作溶液，在 4 ℃下贮存。

（11）浓硫酸（H_2SO_4）：优级纯。

（12）无水硫酸钠（Na_2SO_4）：在 300℃烘箱中烘烤 4 h，放入干燥器备用。

（13）硫酸钠溶液（20 g/L）。

（14）硅藻土：试剂级。

（四）实验仪器

（1）脂肪提取器（索氏提取器）。

(2) 旋转蒸发器。

(3) 振荡器。

(4) 水浴锅。

(5) 离心机。

(6) 玻璃器皿：样品瓶(玻璃磨口瓶)，300 mL 分液漏斗，300 mL 具塞锥形瓶，100 mL 量筒，250 mL 平底烧瓶，25 mL、50 mL、100 mL 容量瓶，筒形漏斗。

(7) 微量注射器。

(8) 气相色谱仪：带电子捕获检测器(^{63}Ni 放射源)。

(五) 土壤样品的预处理

1. 提取

采用索氏提取器提取。操作流程：准确称取 20 g 过 60 目筛的土壤风干样品，置于小烧杯中，加 2 mL 蒸馏水、4 g 硅藻土，充分混匀，无损地移入滤纸筒内，上部盖一片滤纸，将滤纸筒装入索氏提取器中，加 100 mL 石油醚-丙酮(1∶1)，用 30 mL 浸泡土样 12 h 后，在 75～95 ℃恒温水浴上加热提取 4 h，每次回流 4～6 次，待冷却后，将提取液移入 300 mL 分液漏斗中，用 10 mL 石油醚分 3 次冲洗提取器及烧瓶，将冲洗液并入分液漏斗中，加入 100 mL 20 g/L 硫酸钠溶液，振摇 1 min，静置分层后，弃去下层丙酮水溶液，留下石油醚提取液待净化。

2. 净化

采用浓硫酸净化。操作流程：在分液漏斗中加入石油醚提取液体积十分之一的浓硫酸，振摇 1 min，静置分层后，弃去硫酸层(注意：用硫酸净化过程中，要防止发热爆炸，加硫酸后，开始要慢慢振摇，不断放气，然后再剧烈振摇)，按上述步骤重复数次，直至加入的石油醚提取液两相界面清晰均呈无色透明时止。然后向弃去硫酸层的石油醚提取液中加入其体积量一半左右的 20 g/L 硫酸钠溶液。振摇十余次。待其静置分层后弃去水层。如此重复至提取液呈中性时止(一般 2～4 次)，石油醚提取液再经装有少量无水硫酸钠的筒型漏斗脱水，滤入 250 mL 平底烧瓶中。

3. 浓缩

用旋转蒸发器将石油醚提取液浓缩至 5 mL，定容至 10 mL，供气相色谱测定。

(六) 六六六和滴滴涕的分析要点

1. 气相色谱测定条件

(1) 色谱柱：

① 螺旋状硬质玻璃填充柱，2.0 m×2 mm，填装涂有 1.5% OV-17＋1.95%

QF-1 的 Chromosorb WAW-DMCS、80～100 目的担体；

② 螺旋状硬质玻璃填充柱，2.0 m×2 mm，填装涂有 1.5% OV-17+1.95% OV-210 的 Chromosorb WAW-DMCS-HP、80～100 目的担体。

(2) 温度：柱箱 195～200 ℃，汽化室 220 ℃，检测器 280～300 ℃。

(3) 气体流速：氮气，50～70 mL/min。

(4) 检测器：电子捕获检测器(ECD)。

2. 气相色谱中使用农药标准样品的条件

标准样品的进样体积与试样的进样体积相同，标准样品的响应值接近试样的响应值。当一个标样连续注射进样 2 次，其峰高(或峰面积)相对偏差不大于 7%，即认为仪器处于稳定状态。在实际测定时标准样品和试样应交叉进样分析。

3. 进样

进样方式：注射器进样。进样量：1～4 μL。

4. 色谱峰的测量

以峰的起点和终点的连线作为峰底，以峰高的极大值对时间轴作垂线，对应的时间即为保留时间，此垂线从封顶至峰底间的线段即为峰高。

5. 定性分析

8 种六六六和滴滴涕的气相色谱图如图 5-4 所示。

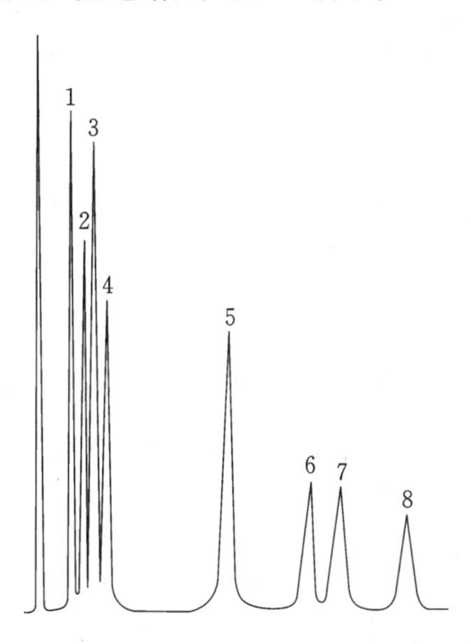

图 5-4　六六六、滴滴涕的气相色谱图

1. α-BHC；2. γ-BHC；3. β-BHC；4. δ-BHC；5. p,p′-DDE；6. o,p′-DDT；7. p,p′-DDD；8. p,p′-DDT

(1) 组分的色谱峰顺序：α-BHC、γ-BHC、β-BHC、δ-BHC、p,p′-DDE、o,p′-DDT、p,p′-DDD、p,p′-DDT。

(2) 检验可能存在的干扰,采取双柱定性。如图 5-4 所示,先采用色谱柱①(2.0 m×2 mm,填装涂有 1.5% OV-17 + 1.95% QF-1 的 Chromosorb WAW-DMCS、80～100 目的担体)进行分析,再用色谱柱②(填装涂有 1.5% OV-17 + 1.95% OV-210 的 Chromosorb WAW-DMCS-HP、80～100 目的担体)进行确证检验色谱分析,可确定六六六、滴滴涕及杂质干扰状况。

6. 外标法定量

吸取 1 μL 混合标准溶液注入气相色谱仪,记录色谱峰的保留时间和峰高(或峰面积)。再吸取 1 μL 试样,注入气相色谱仪,记录色谱峰的保留时间和峰高(或峰面积),根据色谱峰的保留时间和峰高(或峰面积)采用外标法定性和定量。

(七) 结果计算

土壤中农药含量的计算公式如下:

$$\rho_i=\frac{h_i \times m'_{is} \times V}{h_{is} \times V_i \times m}$$

式中:ρ_i——土壤样品中 i 组分农药的含量, mg/kg;

h_i——土壤样品中 i 组分农药的峰高(cm)或峰面积(cm^2);

m'_{is}——标样中 i 组分农药的绝对量,ng;

V——土壤样品(质量为 G)定容体积, mL;

h_{is}——标样中 i 组分农药的峰高(cm)或峰面积(cm^2);

V_i——土壤试液的进样量,μL;

m——土壤样品的质量,g。

十一、农田土壤环境质量监测实验报告的编写

实验报告包括以下五个方面的内容。

(一) 农田土壤环境质量监测方案的制订

包括基础资料的收集与调查、监测点位的布设、监测项目与监测方法、采样时间与频率等。

(二) 土壤样品的采集与制备

包括土壤样品的采集方法、样品的制备程序。

(三) 主要监测项目的测定与结果计算

包括土壤水分含量、pH 值、铜、锌、总汞、砷、六六六和滴滴涕的测定与结果计算。

(四) 农田土壤环境质量监测结果分析与评价

1. 农用地土壤污染风险评价

《土壤环境质量 农用地土壤污染风险管控标准(试行)》(GB 15618—2018)中将土壤污染风险分为筛选值和管控值。当污染物浓度小于或等于筛选值时,说明农产品质量安全、农作物生长或土壤生态环境的风险值低;若超过该值,对农产品质量安全、农作物生长或土壤生态环境可能存在风险,应当加强土壤环境监测和农产品协同监测,原则上应当采取安全利用措施。当污染物浓度超过管控值时,则表明食用农产品不符合质量安全标准,农用地土壤污染风险高,原则上应当采取严格管控措施。

将该蔬菜地土壤中铜、锌、六六六、滴滴涕等指标的监测结果与 GB 15618—2018 中表 1、表 2 和表 3 相比较,评价该蔬菜地土壤污染风险等级的高低。

2. 污染指数评价

土壤环境质量评价一般以单项污染指数为主,指数小则污染轻,指数大则污染重。当区域内土壤环境质量作为一个整体与外区域进行比较或与历史资料进行比较时,除用单项污染指数外,还常用综合污染指数。由于土壤的地区背景差异较大,用土壤污染累积指数更能反映土壤的人为污染程度。土壤污染物分担率可评价确定土壤的主要污染项目。

污染指数计算公式如下:

土壤单项污染指数=土壤某污染物实测值/土壤某污染物质量标准

土壤污染累积指数=土壤某污染物实测值/某污染物背景值

土壤污染物分担率=(土壤某项污染指数/各项污染指数之和)×100%

$$\text{土壤综合污染指数}=\sqrt{\frac{(\text{平均单项污染指数})^2+(\text{最大单项污染指数})^2}{2}}$$

土壤综合污染指数反映各污染物对土壤的作用,同时突出高浓度污染物对土壤环境质量的影响,适用于评价土壤环境的质量等级。《农田土壤环境质量监测技术规范》(NY/T 395—2012)划定的土壤污染分级标准见表 5-6。

表 5-6 土壤污染分级标准

土壤级别	土壤综合污染指数	污染等级	污染水平
Ⅰ	$P_N \leqslant 0.7$	安全	清洁
Ⅱ	$0.7 < P_N \leqslant 1.0$	警戒线	尚清洁
Ⅲ	$1.0 < P_N \leqslant 2.0$	轻污染	土壤污染超过背景值,作物开始受到污染
Ⅳ	$2.0 < P_N \leqslant 3.0$	中污染	土壤、作物均受到中度污染
Ⅴ	$P_N > 3.0$	重污染	土壤、作物受污染严重

（五）实验小结与思考

分析实验误差、总结实验心得，完成以下思考题：

(1) 说明 HCl-HNO_3-HF-$HClO_4$ 混酸中的各种酸在土壤消解过程中各起什么作用。

(2) 简述索氏提取法的工作原理、优点及适用范围。

(3) 简述土壤中有机氯农药测定的一般过程。

(4) 有一地势平坦、面积不大的田块，由于长期采用受工业废水污染的湖水灌溉，受到汞、铅和苯并[a]芘的污染，试设计一个较为完整的监测方案。

第六章　植物污染监测实验

植物直接或间接从环境中吸取营养。当大气、水体和土壤受到污染后，其在吸取营养物质和水分的同时，也摄入了污染物质，并在体内进行累积、迁移和转化，使植物体受到污染及产生毒害作用。植物污染监测就是应用各种检测手段测定植物体内有害物质的浓度，以便采取措施，改善植物的生长环境，保证农产品的安全。

本章以评价典型农田或蔬菜地农产品安全为例，详细介绍监测方案制订、植物样品采集与制备、样品的预处理、典型监测项目的监测方法、分析测试、数据处理与结果评价，以及农产品质量监测报告的编写。

一、实 验 目 的

通过对某蔬菜种植地土壤环境质量的监测，学习农产品安全性调查监测方案的制订，熟悉植物样品的采样布点方法、植物样品的采集与制备方法，掌握植物样品中有害金属元素及有机农药的分析测试技术、监测数据处理与结果评价、农产品质量监测报告的编写等。

二、植物污染监测方案的制订

植物污染监测方案包括明确监测目的、收集资料、确定监测项目、合理选择采样植株和采样方法、选择监测方法、制定质量保证程序和措施，提出监测数据处理要求，并安排实施计划等。

（一）监测目的

常见的植物污染监测目的包括农产品安全调查、植物对污染物的吸收累积和迁移等。

（二）资料收集与调查

现场调查污染源分布、污染类型、灌溉出入口、肥料和农药的使用情况，以及作物品种和播种期，观察植物的生长状况等。通过调查分析可能存在的污染物，确定监测项目，同时选择合适的区域作为采样区。

(三) 植物样品采集的原则

(1) 采集样品要有代表性、典型性和适时性。采集的植株要能代表一定范围内的污染情况。

(2) 不采集田埂、地边及距田埂、地边 2 m 以内的植物。

(3) 在确定的采样区域内,采用梅花形布点法或交叉间隔布点法确定代表性的植株。

(四) 采样的时间和频率

根据研究目的来确定。对于农产品安全性调查,一般在作物成熟时或收获时采集可食部位进行分析测定。如果要了解植物对污染物吸收累积动态变化,则可以在植物生长不同时期采集植物样品进行测定。也可以在施药、施肥前后,适时采样监测,以掌握不同时期的污染状况和对植物生长的影响。

(五) 监测项目和监测方法

码 6-1　GB 2762—2017

农产品安全性调查监测项目可以参考《食品安全国家标准 食品中污染物限量》(GB 2762—2017)、《食品安全国家标准 食品中农药最大残留限量》(GB 2763—2016)。对于作物,主要监测铅、镉、汞、砷、铬、苯并[a]芘、有机磷农药等。

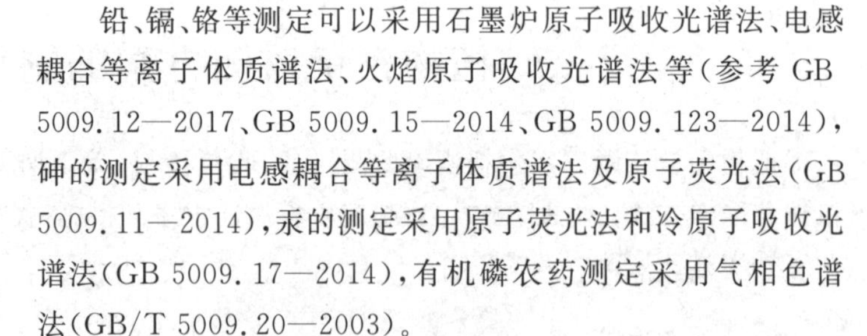

铅、镉、铬等测定可以采用石墨炉原子吸收光谱法、电感耦合等离子体质谱法、火焰原子吸收光谱法等(参考 GB 5009.12—2017、GB 5009.15—2014、GB 5009.123—2014),砷的测定采用电感耦合等离子体质谱法及原子荧光法(GB 5009.11—2014),汞的测定采用原子荧光法和冷原子吸收光谱法(GB 5009.17—2014),有机磷农药测定采用气相色谱法(GB/T 5009.20—2003)。

码 6-2　GB 2763—2016

本实验以稻米或蔬菜中镉的测定、粮食和蔬菜中有机磷农药残留量测定为例。

(六) 实验室质量控制

1. 精密度控制

每批样品每个项目分析时均须做 20%平行样品;当有 5 个以下样品时,平行样不少于 1 个。由分析者自行编入的明码平行样,或由质控员在采样现场或实验室编入的密码平行样,平行双样测定结果的误差在允许误差范围之内者为合格。

2. 准确度控制

(1) 使用标准物质。每批样品测定时均要测标准物质,在测定的精密度合格的前提下,标准物质测定值必须落在标准物质允许的范围之内,否则本批结果无效,需重新分析测定。

(2) 加标回收率的测定。在一批试样中,随机抽取10%～20%试样进行加标回收测定。加标回收率值在加标回收率允许范围之内者为合格。

三、植物样品的采集与制备

(一) 植物样品的采集

1. 采样要求

(1) 在水稻或蔬菜成熟期采集植物样品。采集样品要有代表性,注意避免采集田埂或地边2 m以内的植株。

(2) 在现场调查的基础上,选择合适的采样区,采用梅花形布点法或交叉间隔布点法选择代表性的植株。

(3) 在每个采样小区内的采样点上分别采集5～10处植物的根、茎、叶、果实等,将不同部位样混合,组成一个混合样;也可以整株采集后带回实验室,再按部位分开处理。若采集根系部位样品,应尽量保持根部的完整。对于蔬菜,可以轻轻抖掉附在根上的泥土,注意不要损失根毛;对于水稻根系,在抖掉附着泥土后,应立即用清水洗净。根系样品带回实验室后,及时用清水洗(不能浸泡),再用纱布拭干。

2. 采样量

采集样品量:一般经制备后,有20～50 g样品(干物质)。新鲜样品可按80%～90%的含水量计算所需要样品量。

3. 样品的保存

采集后的样品装入布袋或聚乙烯塑料袋,贴好标签,注明编号、采样地点、植物名称、分析项目,并填写采样登记表。

样品带回实验室后,如测定新鲜样品,应立即处理和分析。当天不能分析完的样品,暂时保存在冰箱中,其保存时间的长短视污染物的性质及在生物体内的转化特点和分析测定要求而定。如果测定干样,则将新鲜样品放在干燥通风处晾干或在鼓风干燥箱中烘干。

(二) 植物样品的制备

1. 鲜样的制备

测定植物内易挥发、转化或降解的污染物(如酚、氰、亚硝酸盐等)、营养成分(如维生素、氨基酸、糖、植物碱等),以及多汁的瓜、果、蔬果样品,应使用新鲜样品。

鲜样的制备方法如下:

(1) 将样品用清水、去离子水洗净,晾干或拭干。

(2) 将晾干的鲜样切碎、混匀,称取 100 g 置于电动高速捣碎机内,加适量蒸馏水或去离子水,开动捣碎机捣碎 1～2 min,制成匀浆,对含水量大的样品(如熟透的番茄等),捣碎时可以不加水。

(3) 对于含纤维素较多或较硬的样品,如禾本科植物的根、茎秆、叶等,可用不锈钢刀或剪刀切(剪)成小片或小块,混匀后在研钵中加石英砂研磨。

2. 干样的制备

分析植物中稳定的污染物,如某些金属元素和非金属元素、有机农药等,一般用风干样品,其制备方法如下:

(1) 将洗净的植物鲜样尽快放在干燥通风处风干(茎秆样品可以劈开),如果遇到阴雨天或潮湿气候,可放在 40～60 ℃鼓风干燥箱中烘干,以免发霉腐烂,并减少化学和生物化学变化。

(2) 将风干或烘干的样品去除灰尘、杂物,用剪刀剪碎(或先剪碎再烘干),再用磨碎机磨碎,谷类作物的种子样品如稻谷等,应先脱壳再粉碎。

(3) 将粉碎后的样品过筛,一般要求通过 1 mm 孔径筛即可,有的分析项目要求通过 0.25 mm 孔径筛。制备好的样品贮存于磨口玻璃广口瓶或聚乙烯广口瓶中备用。

(4) 对于测定某些金属含量的样品,应注意避免受金属器械和筛子等污染,因此,最好用玛瑙研钵磨碎,尼龙筛过筛,聚乙烯瓶保存。

四、稻米或蔬菜中镉的测定

镉是一种重金属元素,非生命必需元素,在冶金、塑料、电子等行业非常重要,进入环境后将对环境和生物产生危害。二十世纪四五十年代日本曾大规模爆发慢性镉中毒症状,即"骨痛病"。镉会在肾脏中累积,最后导致肾衰竭;对骨骼的影响则是骨软化和骨质疏松。通过大米等食物摄取的镉,带来的潜在危害主要是对肾脏和骨骼的损害。因此,镉是农产品安全性调查中的常测项目,常用测定方法是《食品安全国家标准 食品中镉的测定》(GB 5009.15—2014)。

码6-3 GB 5009.15—2014

(一) 实验目的

(1) 掌握用湿法或微波消解法处理植物样品。

(2) 掌握用石墨炉原子吸收光谱法测定植物样品中的镉。

（二）实验原理

试样经酸消解后，注入一定量样品消化液于原子吸收分光光度计石墨炉中，电热原子化后吸收 228.8 nm 共振线，在一定浓度范围内，其吸光度与镉含量成正比，采用标准曲线法定量。

（三）实验仪器和设备

（1）原子吸收分光光度计，附石墨炉。
（2）镉空心阴极灯。
（3）电子天平：感量为 0.1 mg 和 1 mg。
（4）可调温式电热板、可调温式电炉。
（5）恒温干燥箱。
（6）压力消解器、压力消解罐。
（7）微波消解系统：配聚四氟乙烯或其他合适的压力罐。

（四）试剂

（1）硝酸溶液（1%）：取 10.0 mL 浓硝酸（优级纯），加入 100 mL 水中，稀释至 1000 mL。

（2）盐酸（1+1）：取 50 mL 浓盐酸（优级纯），慢慢加入 50 mL 水中。

（3）硝酸-高氯酸混合溶液（9+1）：取 9 份硝酸（优级纯）与 1 份高氯酸（优级纯）混合。

（4）磷酸二氢铵溶液（10 g/L）：称取 10.0 g 磷酸二氢铵，用 100 mL 硝酸溶液（1%）溶解后定量移入 1000 mL 容量瓶，用硝酸溶液（1%）定容至刻度。

（5）金属镉（Cd）标准品：纯度为 99.99%或经国家认证并授予标准物质证书的标准物质。

（6）镉标准贮备液（1000 mg/L）：准确称取 1 g 金属镉标准品（精确至 0.0001 g）于小烧杯中，分次加 20 mL 盐酸（1+1）溶解，加 2 滴浓硝酸，移入 1000 mL 容量瓶中，用水定容至刻度，混匀。或购买经国家认证并授予标准物质证书的标准物质。

（7）镉标准使用液（100.0 ng/mL）：吸取镉标准贮备液 10.0 mL 于 100 mL 容量瓶中，用硝酸溶液（1%）定容至刻度，如此多次稀释成每毫升含 100.0 ng 镉的标准使用液。

（8）镉标准曲线工作液：准确吸取镉标准使用液 0 mL、0.50 mL、1.0 mL、1.5 mL、2.0 mL、3.0 mL 于 100 mL 容量瓶中，用硝酸溶液（1%）定容至刻度，即得到镉含量分别为 0 ng/mL、0.50 ng/mL、1.0 ng/mL、1.5 ng/mL、2.0 ng/mL、3.0 ng/mL 的标准系列溶液。

(五) 分析步骤

1. 样品消解

可以采用湿式消解法或微波消解法。

(1) 湿式消解:称取干试样 0.3～0.5 g(精确至 0.0001 g)或鲜(湿)试样 1～2 g(精确到 0.001 g)于锥形瓶中,放数粒玻璃珠,加 10 mL 硝酸-高氯酸混合溶液(9+1),加盖浸泡过夜,加一小漏斗,在电热板上消化,若变棕黑色,再加浓硝酸,直至冒白烟,消化液呈无色透明状或略带微黄色,放冷后将消化液洗入 10～25 mL 容量瓶中,用少量硝酸溶液(1%)洗涤锥形瓶 3 次,将洗液合并于容量瓶中,用硝酸溶液(1%)稀释至刻度,混匀备用;同时做全程序空白实验。

(2) 微波消解:称取干试样 0.3～0.5 g(精确至 0.0001 g)或鲜(湿)试样 1～2 g(精确到 0.001 g),置于微波消解罐中,加 5 mL 浓硝酸和 2 mL 过氧化氢溶液。微波消化程序可以根据仪器型号调至最佳条件。消解完毕,待消解罐冷却后打开,消化液呈无色或淡黄色,加热赶酸至近干,用少量硝酸溶液(1%)冲洗消解罐 3 次,将溶液转移至 10 mL 或 25 mL 容量瓶中,并用硝酸溶液(1%)定容至刻度,混匀备用;同时做全程序空白实验。

2. 仪器参考条件

根据所用仪器型号将仪器调至最佳状态。原子吸收分光光度计(附石墨炉及镉空心阴极灯)参考测定条件如下:

(1) 波长 228.8 nm,狭缝 0.2～1.0 nm,灯电流 2～10 mA,干燥温度 105 ℃,干燥时间 20 s;

(2) 灰化温度 400～700℃,灰化时间 20～40 s;

(3) 原子化温度 1300～2300 ℃,原子化时间 3～5 s;

(4) 背景校正为氘灯或塞曼校正。

3. 标准曲线的绘制

将镉标准曲线工作液按浓度由低到高的顺序各取 20 μL 注入石墨炉,测其吸光度值。以标准曲线工作液的浓度为横坐标,相应的吸光度值为纵坐标,绘制标准曲线,并求出吸光度值与浓度关系的一元线性回归方程。标准系列溶液为不少于 5 个点的不同浓度的镉标准溶液,相关系数应不小于 0.995。如果有自动进样装置,也可用程序稀释来配制标准系列。

4. 试样溶液的测定

在测定标准曲线工作液相同的实验条件下,吸取样品消解液 20 μL(可根据使用仪器选择最佳进样量),注入石墨炉,测其吸光度值。代入标准系列的一元线性回归方程中,求样品消化液中镉的含量,平行测定不少于 2 次。若测定结果超出标准曲线范围，用硝酸溶液(1%)稀释后再行测定。

按照与试样溶液相同的步骤测定空白溶液。

5. 基体改进剂的使用

对有干扰的试样，取 5 μL 基体改进剂(10 g/L 磷酸二氢铵溶液)和样品溶液一起注入石墨炉，绘制标准曲线时也要加入与试样测定时等量的基体改进剂。

(六) 结果计算

试样中镉含量按下式进行计算：

$$C(\text{Cd, mg/L})=\frac{(C_1-C_0)\times V}{m\times 1000}$$

式中：C——试样中镉含量，mg/kg 或 mg/L；

C_1——试样消化液中镉含量，ng/mL；

C_0——空白液中镉含量，ng/mL；

V——试样消化液定容总体积，mL；

m——试样质量或体积，g 或 mL；

1000——换算系数。

以重复性条件下获得的 2 次独立测定结果的算术平均值表示，结果保留 2 位有效数字。

(七) 精密度

在重复性条件下获得的 2 次独立测定结果的绝对差值不得超过算术平均值的 20%。

(八) 注意事项

(1) 除非另有说明，本方法所用试剂均为分析纯，水为 GB/T 6682 规定的二级水。

(2) 所用玻璃仪器均需以硝酸溶液(1+4)浸泡 24 h 以上，用水反复冲洗，最后用去离子水冲洗干净。

五、粮食和蔬菜中有机磷农药残留量的测定

我国生产的有机磷农药绝大多数为杀虫剂，也有部分杀菌剂、杀鼠剂等。常用有机磷农药包括乐果、敌敌畏、马拉硫磷、对硫磷、甲拌磷、稻瘟净、杀螟硫磷、倍硫磷、虫螨磷等。有机磷农药多为磷酸酯类或硫代磷酸酯类，能抑制乙酰胆碱酯酶活性，使乙酰胆碱积聚，引起中枢神经系统中毒症状，严重时可因肺水肿、脑水肿、呼吸麻痹而死

码 6-4 GB/T 5009.20—2003

亡;重度急性中毒者还会发生迟发性猝死。

有机磷农药的测定常用气相色谱法(GB/T 5009.20—2003)。

(一) 实验目的

掌握粮食、蔬菜、食用油等食品中敌敌畏、乐果、马拉硫磷、对硫磷、甲拌磷、稻瘟净,杀螟硫磷、倍硫磷、虫螨磷等农药残留量的提取、净化方法及气相色谱分析方法。

(二) 实验原理

试样中有机磷农药经提取、分离净化后在富氢焰上燃烧,以 HPO 碎片的形式,放射出 526 nm 波长的特性光;这种光通过滤光片选择后由光电倍增管接收,转换成电信号;经微电流放大器放大后被记录下来。试样的峰面积或峰高与标准品的峰面积或峰高进行比较定量。

(三) 仪器和设备

(1) 气相色谱仪:具有火焰光度检测器。

(2) 组织捣碎机。

(3) 旋转蒸发器。

(4) 粉碎机。

(5) 标准套筛。

(6) 具塞锥形瓶(250 mL)。

(7) 离心机。

(8) 振荡器。

(9) 分液漏斗(50 mL、300 mL)。

(四) 实验试剂

(1) 二氯甲烷。

(2) 无水硫酸钠。

(3) 丙酮。

(4) 中性氧化铝:层析用,经 300 ℃活化 4 h 后备用。

(5) 活性炭:称取 20 g 活性炭,用盐酸(3 mol/L)浸泡过夜,抽滤后,用水洗至无氯离子,在 120 ℃烘干备用。

(6) 硫酸钠溶液(50 g/L)。

(7) 农药标准贮备液:准确称取适量有机磷农药标准品,用苯(或二氯甲烷)先配制贮备液，放在冰箱中保存。

(8) 农药标准使用液：临用时将贮备液用二氯甲烷稀释为使用液，使其浓度为敌敌畏、乐果、马拉硫磷、对硫磷和甲拌磷每毫升各相当于 1.0 μg，稻瘟净、倍硫磷、杀螟硫磷和虫螨磷每毫升各相当于 2.0 μg。

(五) 分析步骤

1. 提取与净化

(1) 蔬菜。称取 10.00 g 切碎混匀的蔬菜试样，置于 250 mL 具塞锥形瓶中，加 30～100 g 无水硫酸钠(根据蔬菜含水量确定用量)脱水，剧烈振摇后如有固体硫酸钠存在，说明所加无水硫酸钠已够。加 0.2～0.8 g 活性炭(根据蔬菜色素含量确定用量)脱色。加 70 mL 二氯甲烷，在振荡器上振摇 0.5 h，经滤纸过滤。量取 35 mL 滤液，在通风橱中室温下自然挥发至近干，用二氯甲烷少量多次研洗残渣，移入 10 mL(或 5 mL)具塞刻度试管中，并定容至 2.0 mL，备用。

(2) 稻谷。脱壳、磨粉、过 20 目筛、混匀。称取 10.00 g，置于具塞锥形瓶中，加入 0.5 g 中性氧化铝及 20 mL 二氯甲烷，振摇 0.5 h，过滤，滤液直接进样。如农药残留量过低，则加 30 mL 二氯甲烷，振摇过滤，量取 15 mL 滤液，浓缩并定容至 2.0 mL 进样。

(3) 小麦、玉米。将试样磨碎过 20 目筛、混匀。称取 10.00 g，置于具塞锥形瓶中，加入 0.5 g 中性氧化铝、0.2 g 活性炭及 20 mL 二氯甲烷，振摇 0.5 h，过滤，滤液直接进样。如农药残留量过低，则加 30 mL 二氯甲烷，振摇过滤，量取 15 mL 滤液，浓缩并定容至 2.0 mL 进样。

(4) 植物油。称取 5.0 g 混匀的试样，用 50 mL 丙酮分次溶解并洗入分液漏斗中，摇匀后，加 10 mL 水，轻轻旋转振摇 1 min，静置 1 h 以上，弃去下面析出的油层，上层溶液自分液漏斗上口倾入另一分液漏斗中，小心操作，尽量不使剩余的油滴倒入。加 30 mL 二氯甲烷、100 mL 50 g/L 硫酸钠溶液，振摇 1 min；静置分层后，将二氯甲烷提取液移至蒸发皿中。丙酮水溶液再用 10 mL 二氯甲烷提取一次，分层后，合并至蒸发皿中。自然挥发后，如无水，可用二氯甲烷少量多次研洗，蒸发皿中残液移入具塞比色管中，并定容至 5 mL。加 2 g 无水硫酸钠振摇脱水，再加 1 g 中性氧化铝、0.2 g 活性炭(毛油可加 0.5 g)振摇脱油和脱色，过滤，滤液直接进样。

注意事项：①如果试样经丙酮提取后乳化严重、分层不清，则放入 50 mL 离心管中，以 2500 r/min 离心 0.5 h，用滴管吸出上层溶液，转入另一分液漏斗中。②二氯甲烷提取液自然挥发后如有少量水，可用 5 mL 二氯甲烷分次将挥发后的残液洗入小分液漏斗内，提取 1 min，静置分层后将二氯甲烷层移入具塞比色管，再以 5 mL 二氯甲烷提取一次，合并入具塞比色管内，定容至 10 mL，加 5 g 无水硫酸钠，振摇脱水，再加 1 g 中性氧化铝、0.2 g 活性炭，振摇脱油和脱色，过滤，滤液直接进样。或将二氯甲烷和水一起倒入具塞比色管中，用二氯甲烷少量多次研洗蒸发皿。洗液并入具塞比色管中，以二氯甲烷层为准定容至 5 mL，加 3 g 无水硫酸钠，然后再加 1 g 中性氧化铝、0.2 g 活性炭，振摇脱油和脱色，过滤，滤液直接进样。

2. 色谱条件

(1) 色谱柱：玻璃柱，内径 3 mm，长 1.5～2.0 m。

分离测定敌敌畏、乐果、马拉硫磷和对硫磷的色谱柱：

① 内装涂以 2.5% SE-30 和 3% QF-1 混合固定液的 60～80 目 Chromosorb WAW DMCS；② 内装涂以 1.5% OV-17 和 2% QF-1 混合固定液的 60～80 目 Chromosorb WAW DMCS；③ 内装涂以 2% OV-101 和 2% QF-1 混合固定液的 60～80 目 Chromosorb WAW DMCS。

分离、测定甲拌磷、虫螨磷、稻瘟净、倍硫磷和杀螟硫磷的色谱柱：

① 内装涂以 3% PEGA 和 5% QF-1 混合固定液的 60～80 目 Chromosorb WAW DMCS；② 内装涂以 2% NPGA 和 3% QF-1 混合固定液的 60～80 目 Chromosorb WAW DMCS。

(2) 气流速度：载气为氮气，80 mL/min；空气 50 mL/min；氢气 180 mL/min。（氮气、空气和氢气之比按各仪器型号选择各自的最佳比例条件。）

(3) 温度：进样口 220℃；检测器 240℃；柱箱 180℃（测定敌敌畏时为 130 ℃）。

3. 测定

移取混合农药标准使用液 2～5 μL 分别注入气相色谱仪中，可测得不同浓度有机磷标准溶液的峰高，分别绘制有机磷标准曲线。同时取试样溶液 2～5 μL 注入气相色谱仪中，测得的峰高从标准曲线图中查出相应的含量。

（六）计算

试样中有机磷农药含量按下式进行计算：

$$C=\frac{m'\times 1000}{m\times 1000\times 1000}$$

式中：C——试样中有机磷农药的含量，mg/kg；

m'——进样的试样溶液中有机磷农药的质量，ng；

m——进样的试样溶液相当于试样的质量，g。

计算结果保留 2 位有效数字。

（七）精密度

(1) 敌敌畏、甲拌磷、倍硫磷、杀螟硫磷在重复性条件下获得的 2 次独立测定结果的绝对差值不得超过算术平均值的 10%。

(2) 乐果、马拉硫磷、对硫磷、稻瘟净在重复性条件下获得的 2 次独立测定结果的绝对差值不得超过算术平均值的15%。

六、植物污染监测实验报告的编写

实验报告包括以下五个方面的内容。

(一) 监测方案的制订

包括监测目的、资料收集与调查、采样点位的布设、监测项目与监测方法、采样时间与频率等内容。

(二) 植物样品采集和制备

包括植物样品的采样要求、采样量,植物样品的保存与制备方法。

(三) 主要监测项目的测定与结果计算

包括植物样品中镉含量、有机磷残留等指标。

(四) 农田农产品安全性评价

污染物的最大残留限量根据粮食种类和污染物的性质不同而有所不同,农产品安全性评价依据《食品安全国家标准 食品中污染物限量》(GB 2762—2017)及《食品安全国家标准 食品中农药最大残留限量》(GB 2763—2016)进行。部分食品中镉、敌百虫、敌敌畏等的最大残留量列于表6-1。

表6-1　部分食品中镉、敌百虫、敌敌畏等的最大残留量

食品种类	名称	最大残留量/(mg/kg)				
		镉(以Cd计)	敌百虫	敌敌畏	对硫磷	倍硫磷
谷类	稻谷	0.2	0.1	0.1	0.1	0.05
	麦类	0.1	0.1	0.1	0.1	0.05
油料和油脂	棉籽		0.1	0.1	0.1	0.01
	大豆		0.1	0.1	0.1	0.01
蔬菜类	普通白菜	0.2	0.1	0.5	0.01	0.05
	萝卜	0.05	0.5	0.5	0.01	0.05
水果类	瓜果类水果	0.05	0.2	0.2	0.01	0.05
饮料类	茶叶		2.0			

注:节选自GB 2762—2017、GB 2763—2016。

(五) 实验小结与思考

总结实验心得,完成以下思考题:

(1) 目前常用的生物监测方法有哪些?

(2) 如何制备新鲜蔬菜瓜果的匀浆液?

(3) 简述萝卜中有机磷农药测定的一般过程。

(4) 采用石墨炉原子吸收光谱法测定重金属元素时,在样品消解液中加入基体改进剂的目的是什么?

(5) 测定生物样品中的镉时,如何消除和减少干扰?如何提高测定的灵敏度?

第七章　校园环境噪声监测实验

噪声属于物理性污染(也称能量污染)。噪声也是危害人体健康的环境污染之一,噪声污染源分布广,且与声源同时产生、同时消失,较难集中处理。从主观上看,人们生活与工作所不需要的、一切不希望存在的干扰声音都叫做噪声。从物理现象上判断,一切无规律的或随机的声信号叫做噪声。环境噪声的来源包括交通噪声、工厂噪声、建筑施工噪声和社会生活噪声等。噪声损害听力,干扰睡眠和工作,诱发疾病,强噪声还会影响设备正常工作,损坏建筑结构。对噪声进行测量,是有效预防和控制噪声的基础。

码 7-1　GB 3096—2008

码 7-2　HJ 640—2012

噪声监测包括城市声环境常规监测、工业企业噪声监测、建筑施工厂界噪声监测、固定设备室内噪声监测等,其中城市声环境常规监测又包括城市区域声环境监测、道路交通声环境监测和功能区声环境监测(分别简称区域监测、道路交通监测和功能区监测)。可参照《声环境质量标准》(GB 3096—2008)和《环境噪声监测技术规范 城市声环境常规监测》(HJ 640—2012)进行各类噪声的监测与评价。

噪声强度的测量常用声级计,噪声的评价指标常用等效连续声级、噪声污染级和昼夜等效声级。

一、实 验 目 的

通过对某大学校园各类功能区声环境监测,学习环境噪声监测方案的制订,掌握声级计的使用方法、环境噪声监测数据的处理与结果评价,了解校园各类功能区监测点位的昼夜达标情况以及声环境质量随时间的分布特征,熟悉环境噪声监测报告的编写等。

二、校园声环境监测方案的制订

(一) 资料收集及现场调查

主要对校园内各类功能区类型、大小,周边噪声源的来源及分布等相关信息进行收集。在收集基础资料的基础上，还需进行现场踏勘，充分了解监测区域内道路、交通、供电等实际情况。

大学校园校区内虽然分为教学区、生活区、行政办公区、运动休闲区等，但总体属于文教区，根据《城市区域环境噪声标准》(GB 3096—2008)，以居民住宅、医疗卫生、文化教育、科研设计、行政办公为主要功能，需要保持安静的区域，属Ⅰ类声环境功能区。校园内包括医院、机关、教学楼、住宅等噪声敏感建筑物。校区内主要噪声来源为交通噪声和运动娱乐噪声，校园内主要行车道路为某大道，总长约 2.2 km，南北贯穿整个校园，该大道与各功能区的距离为 35～135 m。

(二) 校园环境噪声监测位点的布设

参照《声环境质量标准》(GB 3096—2008)和《环境噪声监测技术规范　城市声环境常规监测》(HJ640—2012)中规定的功能区监测布点原则。监测点位具体要求如下：

(1) 一般户外：噪声监测时距离任何反射物(除地面外)至少 3.5 m，距地面高度 1.2 m 以上。

(2) 噪声敏感建筑物户外：距墙壁或窗户 1 m 处，距地面高度 1.2 m 以上。

(3) 噪声敏感建筑物室内：距离墙面和其他反射面至少 1 m，距窗约 1.5 m 处，距地面高度 1.2～1.5 m。

根据某大学校园内各功能区布局的特征，将该大学校园分为生活区、教学区、办公区和运动休闲区。为了了解校园内学习、工作和生活区域的声环境质量情况，在该校园不同功能区内共设置 5 个采样点，如图 7-1 所示。

采样点①位于教职工居住生活区，其北边和西边紧邻城市交通道路，主要噪声源为周边交通噪声及小区内的交通噪声；采样点②位于教学办公楼；采样点③位于运动场休闲区；采样点④位于学生宿舍生活区；采样点⑤位于教学区，主要包括教学楼和图书馆等学习场所。各监测点位距地面高度在 1.2 m 以上。

(三) 监测的时间与测量指标

进行功能区声环境监测时，每个监测点位每次连续监测 24 h，记录小时等效声级 L_{eq}、小时累积百分声级 L_{10}、L_{50}、L_{90}、L_{max}、L_{min}、L_{16}、L_{84}，计算昼夜等效声级(L_{dn})与标准偏差(SD)。监测应避开节假日和非正常工作日。

进行区域声环境监测时，昼间监测在 6:00 至 22:00 正常工作时段内进行，覆盖整个工作时段，等时间间隔监测 3 次；夜间监测时段为 22:00 至次日 6:00，监测 1 次。每个监测点位测量 10 min 的等效连续 A 声级 L_{eq}，记录累积百分声级 L_{10}、L_{50}、

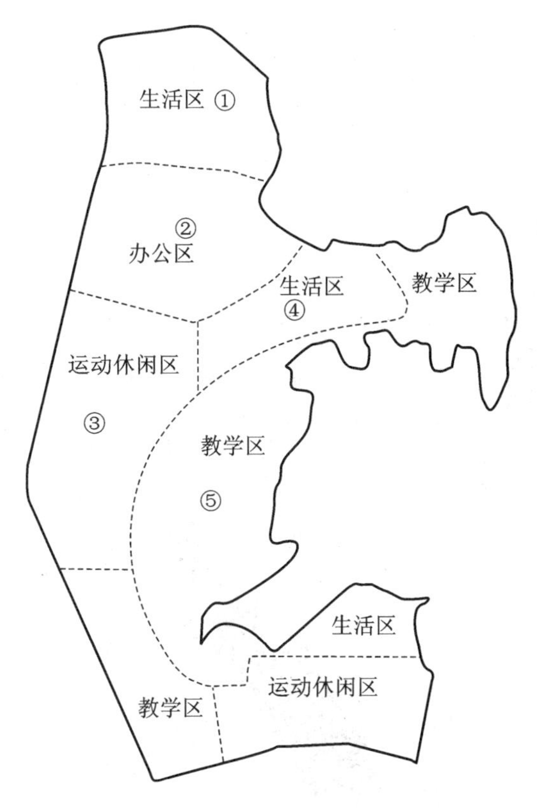

图 7-1　校园声环境监测采样布点示意图

①～⑤为采样点

L_{90}、L_{max}、L_{min}、L_{16}、L_{84}，计算昼夜等效声级(L_{dn})与标准偏差(SD)。

进行道路交通声环境监测时，昼间监测在 6:00 至 22:00 正常工作时段内进行，覆盖整个工作时段，可每 1～2 h 等间隔时间监测 1 次；夜间监测时段为 22:00 至次日 6:00，最好与白天监测时间间隔相等。每个监测点位测量 20 min 的等效连续 A 声级 L_{eq}，记录累积百分声级 L_{10}、L_{50}、L_{90}、L_{max}、L_{min}、L_{16}、L_{84}，计算昼夜等效声级(L_{dn})与标准偏差(SD)，分类(大型车、中小型车)记录车流量。

教学实验一般采用普通声级计进行测量，要求学生掌握噪声测量数据的统计方法、数据处理方法。昼间监测可在学校师生正常的工作学习时段内(6:00 至 22:00)进行 3 次数据采集，夜间监测在 22:00 至次日 6:00 时段内采集 1 次数据。每次测量时连续记录瞬时等效连续 A 声级 L_{eq}(100 个或 200 个)，统计分析累积百分声级 L_{10}、L_{50}、L_{90}、L_{max}、L_{min}和计算标准偏差(SD)需要的 L_{16}、L_{84}。

三、校园声环境质量现场监测

(一) 仪器

1. 声级计

码 7-3 GB 3785.1—2010

测量仪器精度为 2 型及 2 型以上的积分平均声级计或环境噪声自动监测仪器,其性能须符合《电声学 声级计 第 1 部分:规范》(GB 3785.1—2010)的规定,并定期校验。手持式普通声级计,如图 7-2 所示。

图 7-2 手持式普通声级计

2. 标准声源

声校准器应满足 GB/T 15173—2010 对 1 级或 2 级声校准器的要求。

(二) 现场测量

1. 声级计的准备

(1) 测量前后使用声校准器校准测量仪器的示值偏差不得大于 0.5 dB,否则测量无效。

(2) 检查声级计的电池电压是否正常。

2. 测量条件

(1) 应在无雨、无雪、无雷电(特殊情况除外),风速≤5 m/s 的条件下进行测量。

(2) 为避免风对测量的影响,风力在三级以上时传声器必须加防风罩,五级以上大风时应停止测量。

(3) 手持声级计测量时,传声器要求距离地面 1.2 m。

3. 现场测量与记录

(1) 测量时段：考虑学生教学及课程安排等实际情况，测量时间分别在昼间(6:00 至 22:00)和夜间(22:00 至次日 6:00)，各选择等间隔四个时段进行连续测量(白天 3 次，夜间 1 次)，以此来分别代表昼夜校园各功能区的声环境质量，用于计算昼夜等效声级(L_{dn})。

(2) 每次测量时，每隔 5 s 左右读取 1 个瞬时声级，连续读取 100 个数据；当噪声涨落大时，应读取 200 个数据。同时记录测点附近主要噪声来源，将测试结果记录在表 7-1 中。

表 7-1　功能区声环境监测瞬时声级记录表

测量时间：__________　　测量人：__________

时段划分：昼间______时到______时　　夜间______时至______时

天气：晴，风速小于 5 m/s	仪器：
监测点位：教学区⑤	计权网络：A
噪声源：	连续读取瞬时声级总个数：100(或 200)
瞬时声级数据记录(单位：dB(A))：	

(三) 校园声环境监测结果处理

环境噪声一般为无规律的噪声，测量结果用统计声级或等效连续 A 声级表示。将各监测点昼间和夜间的测量数据分别按照由大到小的顺序排列，找出统计声级 L_{10}、L_{50}、L_{90}、L_{max}、L_{min}和标准偏差(SD)，计算等效连续 A 声级 L_{eq}。各监测点昼间和夜间分别的等效连续 A 声级 L_{eq}按下式计算：

$$L_{eq} \approx L_{50} + \frac{(L_{10} - L_{90})^2}{60}$$

式中：L_{eq}——等效连续 A 声级，dB；

L_{10}——测量时间内，10%的时间超过的噪声级，相当于噪声的平均峰值，dB；

L_{50}——测量时间内，50%的时间超过的噪声级，相当于噪声的平均值，dB；

L_{90}——测量时间内，90%的时间超过的噪声级，相当于噪声的背景值，dB。

标准偏差则按下式计算：

$$SD \approx \frac{1}{2} \times (L_{16} - L_{84})$$

式中：SD——标准偏差；

L_{16}——测量时间内，16%的时间超过的噪声级，dB；

L_{84}——测量时间内，84%的时间超过的噪声级，dB。

昼夜等效声级按下式计算：

$$L_{dn}=10\lg\frac{1}{24}[16\times10^{0.1L_d}+8\times10^{0.1(L_n+10)}]$$

式中：L_{dn}——昼夜等效声级，dB；

L_d——昼间等效声级，dB；

L_n——夜间等效声级，dB。

将噪声测量结果列于表 7-2 中。

表 7-2 功能区声环境监测结果统计表 （单位：dB(A)）

测点代码	测点名称	功能区代码	监测时间			L_{eq}	L_{10}	L_{50}	L_{90}	L_{max}	L_{min}	L_{16}	L_{84}	L_{dn}	SD	备注
			月	日	时											

填表日期：________ 测量人：________

（四）注意事项

（1）在测量中改变任何开关位置后，都必须按“复位”键。

（2）当出现读数值超出量程（偏大或偏小）时，应改变量程后，重新测量。

（3）若手持话筒，话筒离人体至少 50 cm。

四、校园声环境监测实验报告的编写

实验报告包括以下四个方面的内容。

（一）校园声环境监测方案的制订

包括基础资料的收集与调查、监测点位的布设、监测时间和测量指标的选取等。

（二）现场测量

包括实验目的、实验原理、实验仪器、实验数据记录与处理等。

（三）校园声环境质量评价与校园声环境污染图绘制

1. 声环境质量评价

校园内各功能区监测点昼间和夜间的等效声级，按照 GB 3096—2008 中相应的环境噪声限值进行独立评价，分别判断各监测点的昼间、夜间达标情况，分析超标原因。

该大学校园属于 1 类声环境功能区中的文化教育区，执行 GB 3096—2008 中的 1 类标准限值。环境噪声限值列于表 7-3。

表 7-3　环境噪声限值　　（单位：dB(A)）

声环境功能区类别		时段	
		昼间	夜间
0 类		50	40
1 类		55	45
2 类		60	50
3 类		65	55
4 类	4a 类	70	55
	4b 类	70	60

注：① 各类声环境功能区夜间突发噪声，其最大声级超过环境噪声限值的幅度不得高于 15 dB (A)。

② 节选自 GB 3096—2008。

2. 绘制校园噪声污染分布图

将各监测点昼间和夜间的等效连续 A 声级 L_{eq} 取平均值，作为各监测点的环境噪声评价量。可在校园地图上用不同颜色或阴影线表示噪声带，每一噪声带代表一个噪声等级，每级相差 5 dB。以 5 dB 为一个等级，在校园地图上用不同颜色或阴影线绘制校园噪声污染图。

将校园各测点的测量结果绘制在该大学校园平面图上（参见图 7-1），用于表示校园噪声污染分布。各等级的颜色和阴影线规定见表 7-4。

表 7-4　各噪声带颜色和阴影线规定

噪声带	颜色	阴影线
35 dB 以下	浅绿色	小点，低密度
36～40 dB	绿色	中点，中密度

续表

噪声带	颜色	阴影线
41～45 dB	深绿色	大点,高密度
46～50 dB	黄色	垂直线,低密度
51～55 dB	褐色	垂直线,中密度
56～60 dB	橙色	垂直线,高密度
61～65 dB	朱红色	交叉线,低密度
66～70 dB	洋红色	交叉线,中密度
71～75 dB	紫红色	交叉线,高密度
76～80 dB	蓝色	宽条垂直线
81～85 dB	深蓝色	全黑

(四) 实验小结与思考

总结实验心得,完成以下思考题:

(1) 简述使用声级计测量噪声的步骤。

(2) 噪声监测质量保证有哪些要求?

(3) 进行校园教学区声环境质量监测,测量时为什么要避开学生集中上下课的课间时间?

第八章　建设项目竣工环境保护验收监测

建设项目竣工环境保护验收监测(以下简称“验收监测”)是环境监测依法为环境管理提供技术支持、技术监督和技术服务的直接途径,是落实建设项目“三同时”制度的重要环节。依据2017年修改的《建设项目环境保护管理条例》,编写环境影响报告书、环境影响报告表的建设项目竣工后,建设单位应当按照国务院环境保护行政主管部门规定的标准和程序,对配套建设的环境保护设施进行验收,编写验收报告。

验收监测的结果是开展建设项目竣工环境保护验收的主要技术依据。

一、验收监测技术工作程序

按照《建设项目竣工环境保护验收暂行办法》(国环规环评[2017]4号)和《建设项目竣工环境保护验收技术指南　污染影响类》(公告2018年第9号),验收监测的程序包括资料收集和研究,现场勘查,制订验收监测技术方案,依据验收监测技术方案进行监测、检查及调查,汇总监测结果,对照原设计方案和环境保护主管部门的批复,分析评价结果,得出结论与建议,编写验收监测技术报告。

码8-1　公告2018年第9号

(一)资料的收集和研读

资料的收集和研读是顺利完成整个验收监测的基础。与项目相关的文件、资料均在收集范围内,主要包括项目环境影响评价报告、预审意见、环保部门批复意见和试生产批准文件、有关环保设施的初步设计要求和指标、企业基本概况、试生产期间能反映工程或设备运行情况的数据或参数、污染物排放管网图、环境保护管理和监测工作情况、项目周边环境情况等相关资料。在现场勘察前,承担任务人员需认真研读,尽可能弄清项目与验收监测的有关信息,并制订详细的现场勘察清单,这样既可防止现场勘察时遗漏,也可发现工程实际建设与初步设计、环评报告及批复等要求不一致的地方。

(二)现场勘察和生产负荷的确定

现场勘察主要核实所收集的资料,调查项目的基本情况、建设规模及布局、生产工艺及排污状况、主要原辅材料消耗及产品品种与产量、环保防治设施工艺及运行状况、与主体工程相配套的辅助工程、污染源排放管网和排放口位置等。详细检查生产记录,特别是试生产以来月生产情况和工况,了解生产负荷是否达到设计要求,核实实际产品、工艺、生产规模与批复是否相符,计算达到验收监测工况所需的生产能力。此外,还应关注项目周围的环境敏感点、工程实际变更情况及相应的环境影响变化的调查,对明显与环评报告和批复要求不相符处必须严肃指出,并提出相应的意见,确定是否具备验收监测条件,如有异常情况,须及时向环保主管部门作出书面报告。

(三) 监测方案的制订

监测方案是实施监测的指导书。在资料收集、研读、现场勘察的基础上,按照《建设项目环境保护设施竣工验收监测技术要求》制订项目的监测方案,重点明确验收监测所需达到的生产负荷、环保治理设施运行工况、一类污染物的采样位置和质量控制手段等。告知企业做好开设监测孔、搭建监测平台等准备工作,同时写明监测合同签订时间、现场监测时间、监测报告编写时间、提交监测报告时间和经费概算等。

(四) 监测与核查并重

验收监测不仅是对环保设施运行效果及污染源达标情况的测试,同时也是对"三同时"制度执行情况、环境影响评价制度落实情况等非测试工作的考核。在具体实施时,对污染治理设施是否正常运行、污染物是否达标排放、排放口是否规范化及是否安装了污染源在线监测仪器等内容十分重视,但也常常忽视一些必要的"软性"内容。例如:初步设计是否落实了环境影响报告书(表)中的要求;项目建设中是否落实了环境影响报告书(表)中的要求、专家审核意见和批复意见;污染和其他公害防治设施是否执行了"三同时"制度;企业内部的环境管理制度是否得到落实等。除此之外,还要考查污染源排放参数、环保设施设计参数是否与排放规模相符,环境敏感保护目标和环境生态修复情况等。

(五) 处理效率和物料平衡

环保设施处理效率是验收监测的重要内容之一。对某些主要处理设施需达到的污染物去除效率,环保主管部门在项目环评报告批复中有明确要求。监测时不能仅以设施的进、出浓度为主要依据,要重视一些主要的工程数据,如各工艺单元的处理数据、投资及运行费用等,更要重视生产中的物料核算和平衡问题,以监测企业生产水平、生产状况、工艺流程为前提,监测结果要与企业整体物料平衡相一致。同时,还要重视监测结果的可比性。治理设施的处理效率只有在与环评报告、初步设计中的条件相同时，得出的处理效率才具有可比性，否则即使监测结果达到甚至好于设计指标也不真实。

（六）验收监测评价指标

进行验收监测评价时，既要评价排污标准中规定的排放浓度指标和总量控制指标，也要对其他如初步设计中污染防治设计指标和环评报告中有关指标加以考核和评价。对一些参照标准一般不作为竣工验收依据的环节，也要引起重视，为环保部门监督管理和企业污染防治整改提供判定标准。在评价大气污染物排放时，既考核排气筒高度和最高允许排放速率，必要时还要考核企业内部的环境管理指标。

（七）质量保证和质量控制

严格按照验收监测方案、环境监测技术规范和质量保证手册的内容和要求开展验收监测工作，现场监测期间随时掌握建设单位生产工况，确保监测数据的代表性、客观性和公正性。要特别重视生产负荷的确定，只有在工况稳定、处理设施正常运行、生产负荷达到设计生产能力75%以上（或国家、地方排放标准规定的生产负荷）情况下得到的监测数据，才能作为项目验收的依据。此外，还应重视采样过程的误差，采取有效的质量控制手段，确保数据的准确性。

（八）报告规范和结果分析

验收监测报告是项目验收的主要技术依据，应全面总结建设项目从立项到建成全过程的环境保护工作，包括“三同时”制度执行情况、环境保护设施建设和措施落实情况、产品和工艺是否符合国家有关产业政策、各项污染物排放监测结果、环境保护设施工程质量和运行状况及处理效果、总量达标情况、清洁生产水平、生态恢复情况、日常环境管理情况和公众意见调查等内容。应根据项目实际情况，对监测和调查的结果作必要分析。如有些项目应在清洁生产审计的基础上判断其清洁生产水平，对环保设施及其工艺技术和运行情况进行评价，找出存在的问题；有些项目需进行经济损益分析；有些项目需对环保规章制度的合理性、实用性和有效性进行分析评价，为企业改进环境管理提供建议。

（九）公众参与

公众参与是环境影响评价中的重要内容，在建设项目环评中得到了充分重视，通过公众参与，保障了公众的知情权、参与权和监督权。在验收监测中，更应重视公众意见，主动征询公众特别是项目地附近居民的意见，将公众意见作为项目验收的参考依据。

（十）后续监测和管理

由于建设项目试生产时间较短(一般为3个月)，生产设备和环保设施在设计、安装、运行阶段的问题不一定能马上暴露，加上验收监测频次有限和企业环境管理人员业务素质参差不齐等主客观因素，使建设项目验收工作仍不尽完善。建设项目通过验收并非是此项工作的终结，而应加强项目的后续管理。

对验收后建设项目的监督监测是验收监测的延续和补充，同时也是建设项目后续管理的必要手段。只有加强对验收后建设项目的监督监测，定期提出补充报告，才能对建设项目环保设施作出科学、客观的评价。

二、验收监测技术报告的编写

（一）验收项目概况

简述项目名称、项目性质、建设单位、建设地点、立项过程、环境影响报告书(表)编写单位与完成时间、环评审批部门、审批时间与文号、开工时间、竣工时间、调试时间、申领排污许可证情况、验收工作由来、验收工作的组织与启动时间、验收范围与内容、是否编写了验收监测方案、验收监测方案编写时间、现场验收监测时间、验收监测报告形成过程。

（二）验收依据

验收依据包括以下内容：

(1) 建设项目环境保护相关法律、法规、规章和规范；

(2) 建设项目竣工环境保护验收技术规范；

(3) 建设项目环境影响报告书(表)及审批部门审批决定；

(4) 主要污染物总量审批文件；

(5) 环境保护部门其他审批文件等。

（三）工程建设情况

1. 地理位置及平面布置

简述项目所处地理位置，所在省市县区，周边易于辨识的交通要道及其他环境情况，重点突出项目所处地理区域内有无环境敏感目标，生产经营场所中心经度与纬度；本项目主要设备、主要声源在厂区内所处的相对位置，附地理位置图和厂区总平面布置图。厂区总平面布置图上要注明厂区周边环境情况、主要污染源位置、废水和雨水排放口位置，以及厂界周围噪声敏感点与厂界、排放源的相对位置、距离，噪声监测点、无组织监测点位也可在图上标明。

2. 建设内容

简述项目产品、设计规模、工程组成、建设内容、实际总投资，附环评及批复阶段建设内容与实际建设内容一览表（对于与环评及批复不一致的要备注）。对于改、扩建项目，应简单介绍原有工程及公辅设施情况，以及本项目与原有工程的依托关系等。

3. 主要原辅材料及燃料

列表说明主要原料、辅料、燃料的名称、来源、设计消耗量、调试期间消耗量，给出燃料设计与实际的灰分、硫分、挥发分及热值。

4. 水平衡

简述建设项目生产用水和生活用水来源、用水量、循环水量、废水回用量和排放量，附上水平衡图。

5. 生产工艺

简述主要生产工艺原理、流程，并附上生产工艺流程与产污排污环节示意图。

6. 项目变动情况

如果项目发生重大变动或存在变化情况，应简述或列表说明，主要包括环评及批复阶段要求、实际建设情况、变动原因、发生重大变动的有无重新报批环评文件、存在变化情况的有无变动说明。

（四）环境保护设施

1. 污染物治理、处置设施

（1）废水：简述废水类别、来源于何种工序、污染物种类、治理设施、排放去向。并列表说明，主要包括：废水类别、来源、污染物种类、排放规律（连续、间断）、排放量、治理设施、工艺与设计处理能力、设计指标、废水回用量、排放去向（不外排，排至厂内综合污水处理站，直接进入海域，直接进入江、湖、库等水环境，进入城市下水道再入江河、湖、库、沿海海域，进入城市污水处理厂，进入其他单位，进入工业废水集中处理厂，其他（包括回喷、回填、回灌等）。附上主要废水治理工艺流程图、全厂废水及雨水流向示意图、废水治理设施图片。

（2）废气：简述废气来源于何种工序或生产设施、废气名称、污染物种类、排放形式（有组织排放、无组织排放）及治理设施。并列表说明，主要包括：废气名称、来源、污染物种类、排放形式、治理设施、治理工艺、设计指标、排气筒高度与内径尺寸、排放去向、治理设施监测点设置或开孔情况等。附上主要废气治理工艺流程图、废气治理设施图片。

（3）噪声：简述主要噪声来源、类别、治理措施。并列表说明，主要包括：噪声源设备名称、源强、台数、位置、运行方式及治理措施(如隔声、消声、减震、设备选型、设置防护距离、平面布置等)。附上噪声治理设施图片。

(4) 固(液)体废物:简述或列表说明固(液)体废物名称、来源、性质、产生量、处理处置量、处理处置方式,一般固体废物暂存与污染防治及合同签订情况,危险废物暂存与污染防治及合同签订、委托单位资质,危废转移联单情况等。

若涉及固(液)体废物贮存场(如灰场、赤泥库等)的,还应简述贮存场地理位置、与厂区的距离、类型(山谷型或平原型)、贮存方式、设计规模与使用年限、输送方式、输送距离、场区集水及排水系统、场区防渗系统、污染物及污染防治设施、场区周边环境敏感点情况等。

附上相关生产设施、环保设施及敏感点图片。

2. 其他环保设施

(1) 环境风险防范设施:简述危险化学品贮罐区、油罐区、其他装置区围堰尺寸,重点区域防渗工程、地下水监测(控)井设置数量及位置,事故池数量、尺寸、位置,初期雨水收集系统及雨水切换阀位置、切换方式,危险气体报警器数量、安装位置、常设报警限值,事故报警系统,应急处置物资贮备等。

(2) 在线监测装置:简述废水、废气在线监测装置安装位置、数量、型号、监测因子、监测数据联网系统等。

(3) 其他设施:"以新带老"改造工程、污染物排放口规范化工程、绿化工程、边坡防护工程等其他环境影响报告书(表)及审批部门审批决定中要求采取的其他环境保护设施。

3. 环保设施投资及"三同时"落实情况

简述项目实际总投资额、环保投资额及环保投资占总投资额的百分率,列表说明废水、废气、噪声、固体废物、绿化、其他等各项环保设施实际投资情况。

简述项目环保设施设计单位与施工单位及环保设施"三同时"落实情况,附上项目环保设施环评、初步设计、实际建设情况一览表。

(五) 建设项目环境影响报告书(表)的主要结论与建议及审批部门审批决定

1. 建设项目环境影响报告书(表)的主要结论与建议

摘录环境影响报告书(表)中对废水、废气、固体废物及噪声污染防治设施效果的要求、工程建设对环境的影响及要求、其他在验收中需要考核的内容。有重大变动环评报告的,也要摘录变动环评报告的相关要求。

2. 审批部门审批决定

原文抄录环保部门对项目环境影响报告书(表)的批复意见。有重大变动环评报告批复的,也要抄录变动环评批复的意见。

（六）验收执行标准

按环境要素分别以表格形式列出验收执行的国家或地方污染物排放标准、环境质量标准的名称、标准号、标准等级和限值，主要污染物总量控制指标与审批部门审批文件名称、文号，以及其他执行标准的标准来源、标准限值等。

（七）验收监测内容

1．环境保护设施调试效果

通过对各类污染物达标排放及各类污染治理设施去除效率的监测，来说明环境保护设施调试效果，具体监测内容如下。

（1）废水。

列表给出废水类别、监测点位、监测因子、监测频次及监测周期，雨水排口也应设点监测（有水则测），附上废水（包括雨水）监测点位布置图。

（2）废气。

① 有组织排放。列表给出废气名称、监测点位、监测因子、监测频次及监测周期，并附上废气监测点位布置图，涉及等效排气筒的还应附上各排气筒相对位置图。

② 无组织排放。列表给出无组织排放源、监测点位、监测因子、监测频次及监测周期，并附上无组织排放监测点位布置图。无组织排放监测时，同时测试并记录各监测点位的风向、风速等气象参数。

（3）厂界噪声监测。

列表说明厂界噪声监测点位名称、监测因子、监测频次及监测周期，附上厂界监测点位布置图。

（4）固（液）体废物监测。

简述固（液）体废物监测点位设置依据，列表说明固（液）体废物名称、采样点位、监测因子、监测频次及监测周期。

2．环境质量监测

环境影响报告书（表）及其审批部门审批决定中对环境敏感保护目标有要求的要进行环境质量监测，以说明工程建设对环境的影响，主要涉及环境地表水、地下水和海水、环境空气、声环境、环境土壤质量等的监测。监测内容如下：

简述环境敏感点与本项目的关系，说明环境质量监测点位或监测断面布设及监测因子的选取情况。按环境要素分别列表说明监测点位名称、监测点位经纬度、监测因子、监测频次及监测周期，附上监测点位布置图（图中标注噪声敏感点与本项目噪声源及厂界的相对位置与距离，地表水或海水监测断面（点）与废水排放口的相对位置与距离，地下水、土壤与污染源相对位置与距离）。

(八) 质量保证及质量控制

排污单位应建立并实施质量保证与控制措施方案，以自证自行监测数据的质量。

1. 监测分析方法

按环境要素说明各项监测因子监测分析方法名称、方法标准号或方法来源、分析方法的最低检出限。

2. 监测仪器

按照监测因子给出所使用的仪器名称、型号、编号，以及自校准或检定校准或计量检定情况。

3. 人员资质

简述参加验收监测人员资质或能力情况。

4. 水质监测分析过程中的质量保证和质量控制

水样的采集、运输、保存、实验室分析和数据计算的全过程均按《环境水质监测质量保证手册》(第四版)的要求进行。采样过程中应采集一定比例的平行样；实验室分析过程一般应使用标准物质，采用空白实验、平行样测定、加标回收率测定等，并对质控数据进行分析，附上质控数据分析表。

5. 气体监测分析过程中的质量保证和质量控制

(1) 尽量避免被测排放物中共存污染物对分析的交叉干扰。

(2) 被测排放物的浓度在仪器量程的有效范围内(即 30%～70%之间)。

(3) 对于烟尘采样器，在进入现场前应对采样器流量计、流速计等进行校核。对于烟气监测(分析)仪器，在测试前按监测因子分别用标准气体和流量计对其进行校核(标定)，在测试时应保证其采样流量的准确性。附上烟气监测校核质控表。

6. 噪声监测分析过程中的质量保证和质量控制

声级计在测试前后用标准发生源进行校准，测量前后仪器的灵敏度相差不大于 0.5 dB，若大于 0.5 dB，则测试数据无效。附上噪声仪器校验表。

7. 固体废物监测分析过程中的质量保证和质量控制

采样过程中应采集一定比例的平行样；实验室分析样品时应使用标准物质，采用空白实验、平行样测定、加标回收率测定等，并对质控数据进行分析，附上质控数据分析表。

(九) 验收监测结果

1. 生产工况

简述验收监测期间实际运行工况及工况记录方法、各项环保设施运行状况，列表说明能反映设备运行负荷的数据或关键参数。若有燃料，附上燃料成分分析表。

2. 环境保护设施调试效果

(1) 废水达标排放监测结果。

废水监测结果按废水种类分别以监测数据列表表示,根据相关评价标准评价废水达标排放情况。若排放有超标现象,应对超标原因进行分析。

(2) 废气达标排放监测结果。

① 有组织排放。有组织排放监测结果按废气类别分别以监测数据列表表示,根据相关评价标准评价废气达标排放情况。若排放有超标现象,应对超标原因进行分析。

② 无组织排放。无组织排放监测结果以监测数据列表表示,根据相关评价标准评价无组织排放达标情况。若排放有超标现象,应对超标原因进行分析。附上无组织排放监测时气象参数记录表。

(3) 厂界噪声达标排放监测结果。

厂界噪声监测结果以监测数据列表表示,根据相关评价标准评价厂界噪声达标排放情况。若排放有超标现象,应对超标原因进行分析。

(4) 固(液)体废物达标排放监测结果。

固(液)体废物监测结果以监测数据列表表示,根据相关评价标准评价固(液)体废物达标情况。若排放有超标现象,应对超标原因进行分析。

(5) 污染物排放总量核算。

根据各排污口的流量和监测浓度,计算本工程主要污染物排放总量,评价是否满足审批部门审批的总量控制指标。无总量控制指标的不评价,仅列出环境影响报告书(表)预测值。

对于有"以新带老" 要求的,按环境影响报告书(表)列出"以新带老"前原有工程主要污染物排放量,并根据监测结果计算"以新带老"后主要污染物产生量和排放量,涉及"区域削减"的,给出实际区域平衡替代削减量,并计算出项目实施后主要污染物增减量。附上主要污染物排放总量核算结果表。

若项目废水接入下游污水处理厂,则只核算出接管总量,不计算排入外环境的总量。

(6) 环保设施去除效率监测结果。

① 废水治理设施。根据各类废水治理设施进、出口监测结果,计算主要污染物去除效率,评价是否满足环评及审批部门审批决定或设计指标。

② 废气治理设施。根据各类废气治理设施进、出口监测结果,计算主要污染物去除效率,评价是否满足环评及审批部门审批决定或设计指标。

③ 厂界噪声治理设施。根据监测结果评价噪声治理设施的降噪效果。

④ 固体废物治理设施。根据监测结果评价固体废物治理设施的处理效果。

3. 工程建设对环境的影响

环境质量监测结果分别以地表水、地下水、环境空气、土壤、海水监测数据及敏感点噪声监测数据列表表示，根据相关环境质量标准或环评及审批部门审批决定，评价达标情况(无执行标准不评价)。若排放有超标现象，应对超标原因进行分析。

(十) 验收监测结论

1. 环境保护设施调试效果

简述废水、废气(有组织排放、无组织排放)、厂界噪声、固(液)体废物监测结果及达标排放情况、主要污染物排放总量达标情况、各项环保设施主要污染物去除效率是否符合环评及审批部门审批决定或设计指标。

2. 工程建设对环境的影响

简述项目周边地表水、地下水、环境空气、土壤及海水的环境质量及敏感点噪声是否达到验收执行标准。

(十一) 建设项目环境保护"三同时"竣工验收登记表

《建设项目环境保护"三同时"竣工验收登记表》的填写，参见《建设项目竣工环境保护验收技术指南　污染影响类》(公告 2018 年第 9 号)。

参考文献

[1] 奚旦立. 环境监测[M]. 5 版. 北京：高等教育出版社，2019.

[2] 吴邦灿，费龙. 现代环境监测技术[M]. 3 版. 北京：中国环境出版社，2014.

[3] 奚旦立. 环境监测实验[M]. 北京：高等教育出版社，2011.

[4] 李光浩. 环境监测实验[M]. 武汉：华中科技大学出版社，2010.

[5] 孙成. 环境监测实验[M]. 2 版. 北京：科学出版社，2010.

[6] 国家环境保护总局《水和废水监测分析方法》编委会. 水和废水监测分析方法[M]. 4 版(增补版). 北京：中国环境科学出版社，2002.

[7] 国家环境保护总局《空气和废气监测分析方法》编委会. 空气和废气监测分析方法[M]. 4 版(增补版). 北京：中国环境科学出版社，2003.

[8] 王明翠，刘雪芹，张建辉. 湖泊富营养化评价方法及分级标准[J]. 中国环境监测，2002，18(5)：47-49.

[9] 环境保护部. 国家地表水环境质量监测网监测任务作业指导书(试行)(环办监测函[2017]249 号). http://www.mee.gov.cn/gkml/hbb/bgth/201703/t20170306_398223.htm.